ローズアップRFワールド

掲載記事の写真の一部をフルカラーでご覧ください.〈編集部〉

4ページへ続く ➡

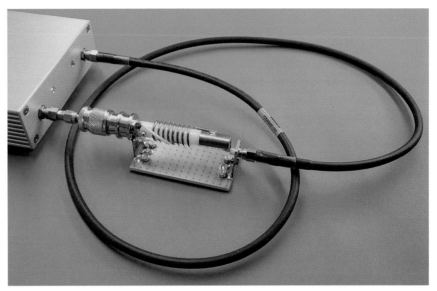

〈写真2〉整合部のSパラメータを測定するようす(特集 第4章)

〈写真3〉自作したUHF帯コモン・モード・フィルタ(特集 第4章)

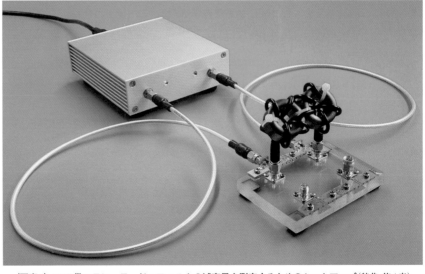

〈写真4〉VHF帯コモン・モード・フィルタの減衰量を測定するためのセットアップ(特集 第4章)

〈写真1〉X30のグラス・ファイバ製カバーから取り出したエレメント部と整合部 (特集 第4章)

RF ワールド
RADIO FREQUENCY
無線と高周波の技術解説マガジン

1 　クローズアップ RF ワールド

特◎集　動作解説，基本性能の評価，アンテナ等の測定例など　　7

NanoVNAで広がる RF測定の世界

[第1章]　世界中でブーム！超小型VNAのオリジナル設計者による開発記
8　**NanoVNA：手のひらサイズのオープン・ソースVNA**　高橋 知宏

26　Appendix　測れるものと測れないもの，測定操作の流れなど
　　NanoVNA操作のあらまし　針倉 好男

[第2章]　通過特性S_{21}，反射特性S_{11}，インピーダンス測定など
28　**NanoVNAの基本性能評価**　市川 裕一

33　Appendix　50 kHz〜4.4 GHzまで進化した新しいNanoVNA
　　S.A.A.2シリーズの概要　針倉 好男

[第3章]　基本的な使い方，校正，内蔵信号源の評価，フィルタやCRの測定例など
35　**NanoVNA試用記**　西村 芳一

[第4章]　145/435 MHz帯2バンドGPのSWRを本格的VNAやziVNAuの実測値と比較する
47　**NanoVNAによる2バンド・アンテナの
SWR比較測定**　富井 里一
◆コラム◆セミリジッド・ケーブルを軽くて柔らかくした同軸ケーブル「ソフト・
リジッド・ケーブル」

特設記事

58　　GRC用ブロックの制作，LF帯AM変調，450 kHz帯FM復調，
125 kHz帯非接触ICカード・エミュレータ
**多機能計測器 "Analog Discovery 2" を
GNU Radioで使う**　野村 秀明

79　Appendix
GNU Radio Version 3.8への対応　野村 秀明

CONTENTS No.52

www.rf-world.jp トランジスタ技術 増刊

本文イラスト: 神崎 真理子

技術解説

81
オープン・ソース FPGA ボード "Red Pitaya" を使ってウェブ・ブラウザに表示可能!
300 M〜6 GHzの電波環境モニタ "Radio Catcher" 清水 聡/臼井 誠

88
Appendix カスタム・メニューの作り方, GUI ベースの FPGA 開発, コントローラ・プログラムの開発など
ディジタル信号処理ボード "Red Pitaya" の紹介 臼井 誠/清水 聡

92
Zynq UltraScale + RFSoC が変える 5G 時代
リコンフィギャラブルな1チップ無線 FPGAと評価ボード 戸部 英彦
第1回 ARM と RF 送受信機を内蔵した FPGA "RFSoC"

101
水晶発振器の性能を凌駕しはじめた MEMS 発振器の実際
シリコン MEMS 発振器の新常識 露口 剛司/榎本 峰人
◆コラム◆メガチップス社のプロフィール

111
Appendix 10 MHz 固定, 100 MHz 固定, プログラマブル・デバイスの C/N を相互相関法で測定する
Si MEMS 発振器モジュールの位相雑音評価 森榮 真一

114
プロの要求に応じられる USB 接続型 VNA
Copper Mountain Technologies 社 VNA の使用レポート 市川 裕一

122
オフィス, 家庭, 産業機器や車載まで広範囲に普及した高速ネットワーク・インターフェース
Ethernet の基礎と観測例 畑山 仁
第1回 Ethernet の基礎知識と新しいトレンド

131
送信終段πマッチの L 値をどう決めるか?
ポアンカレ視点で見る3素子π型リアクタ回路 大平 孝
◆コラム◆定在波とゴム紐モデル

歴史読物

136
エレクトロニクス開拓に生涯を懸けた男の記録
発明家 安藤博の研究人生 安藤 明博
第4回(最終回) 晩年の研究, 有名人とのエピソード, マイルストーン認定

折り込み付録

無線 PAN や LPWAN などの周波数チャート IV

発行人 小澤 拓治 編集人 小串 伸一
発行所 CQ出版株式会社 〒112-8619 東京都文京区千石4-29-14
電話 編集 (03)5395-2123 FAX (03)5395-2022
　　　販売 (03)5395-2141 FAX (03)5395-2106
　　　広告 (03)5395-2131 FAX (03)5395-2104
振替 00100-7-1066

印刷所 三晃印刷(株)
©CQ出版社 2020 禁無断転載
Printed in Japan
<定価は表4に表示してあります>
本書に記載されている社名および製品名は, 一般に開発メーカの登録商標または商標です.
なお本文中では, TM, ®, ©の各表示を明記しておりません.

🌐 クローズアップRFワールド

➡ 1ページから続く

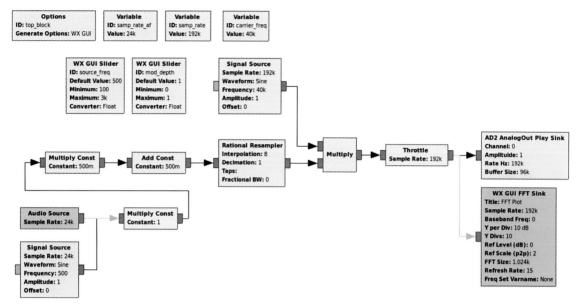

〈図1〉 AM変調のフローグラフ（p.58）

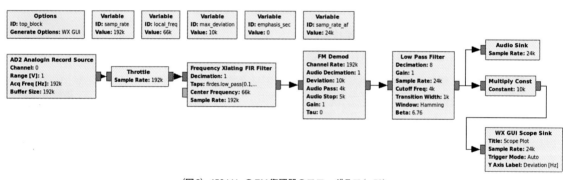

〈図2〉 450 kHzのFM復調器のフローグラフ（p.58）

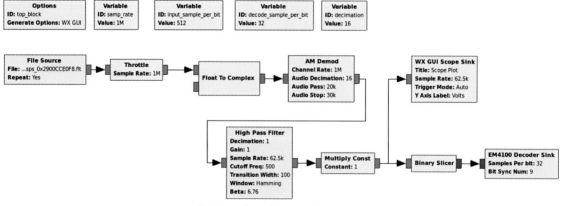

〈図3〉 IDデコーダのフローグラフ（p.58）

🌀 クローズアップRFワールド

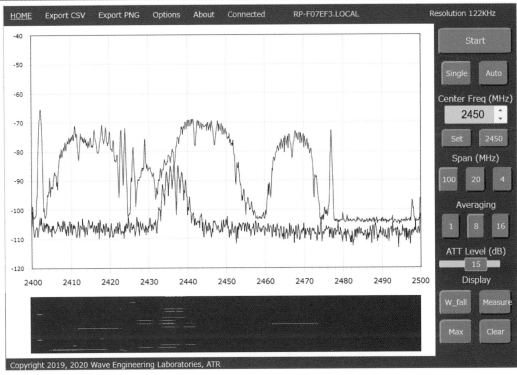

〈図4〉 Radio Catcher による 2.4 GHz帯無線LANの測定例（p.81）

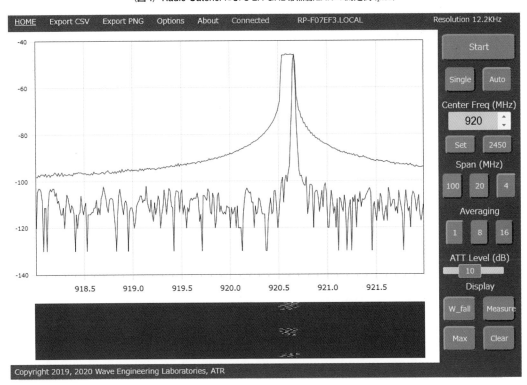

〈図5〉 Radio Catcher による 900 MHz帯LoRaの測定例（p.81）

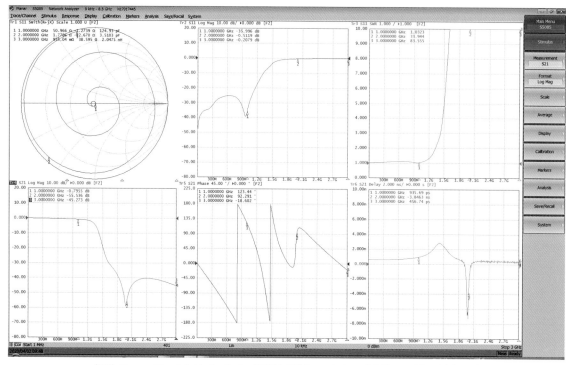

〈図6〉Copper Mountain Technologies社VNAの操作ソフトウェア画面（LPF測定の例）(p.114)

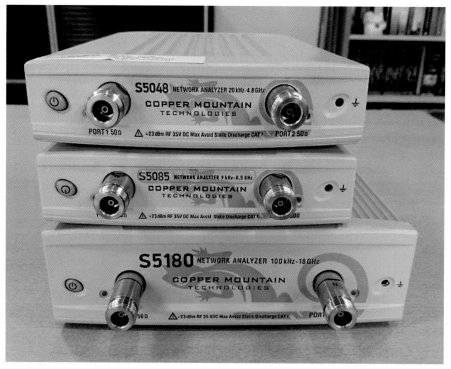

〈写真5〉Copper Mountain Technologies社のUSB接続型VNA S5048，S5085，S5180の外観(p.114)

特◎集

動作解説，基本性能の評価，アンテナ等の測定例など

NanoVNAで広がるRF測定の世界

2019年春頃から，海外通販で中国製NanoVNAが7,000円を切る価格で売られはじめ，夏頃には世界中で話題になり，米国の無線雑誌QEXの表紙を飾りました．オリジナルは高橋知宏氏（edy555）が2016年ごろ開発したもので，回路図やファームウェアをGitHubで公開していたところ，中国のハッカー達が改良し製品化して発売したのです．特集では高橋氏による解説のほか，基本性能の評価，アンテナ等の測定例などを紹介します．

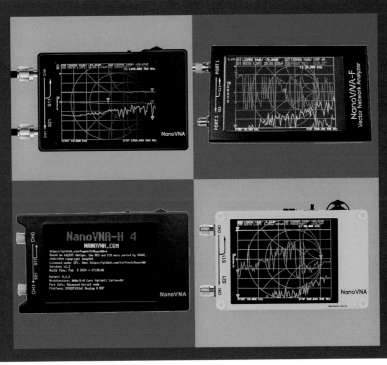

8	第1章	NanoVNA：手のひらサイズのオープン・ソースVNA
26	Appendix	NanoVNA操作のあらまし
28	第2章	NanoVNAの基本性能評価
33	Appendix	S.A.A.2シリーズの概要
35	第3章	NanoVNA試用記
47	第4章	NanoVNAによる2バンド・アンテナのSWR比較測定

特集

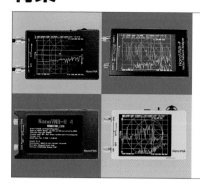

第1章　世界中でブーム！超小型VNAの
オリジナル設計者による開発記

NanoVNA：手のひらサイズの
オープン・ソースVNA

高橋　知宏
Tomohiro Takahashi

❶ 手のひらでスミス・チャートが踊る！

　NanoVNAは手のひらに乗るクレジットカード・サイズのVNAです．パソコンなしにスタンドアローンで使えるRF測定器です．2016年に設計製作し，少数をキットとして頒布したあと，オープン・ソース・プロジェクトとして公開していました．2019年になって中国で製造販売されて大量に市場に出回り，さらに海外のブログや技術サイトで取りあげられ，人気が出ました．RFワールドの誌面をお借りして，NanoVNAを設計製作した立場から少し解説します．

　写真1は，最初に試作したオリジナルのNanoVNAです．2.4インチの小型液晶を使用しており，手のひらでスミス・チャートが踊ります．

　源流であるオリジナルVNWAの発表から，NanoVNAの開発と流行にいたるまでの経緯を表1にまとめて示します．

■ 1.1 面白さはどこに？

　NanoVNAを触られた方の感想を伺うと一様に面白いといっていただけます．面白さを生み出しているものは何でしょう．もちろんVNAが電磁気の物理そのものを見えるようにする測定器であることがすべての源泉ではあるのですが，もう一つ大事なポイントは「即応性」だと考えています．

　測定対象を接続すればインタラクティブにスミス・チャートやレスポンスが変化し，指で触れれば特性が変化するのがすぐにわかります．1秒ちょっとの周期で測定と表示を常時繰り返しているため，ほぼリアルタイムで変化を見て取れます．

　ベンチトップ測定器の場合，測定はうやうやしい儀式のようですが，手のひらサイズだと，おもちゃのように片っ端からデバイスをつないで，挙動の変化が手に取るようにわかります．スタンドアローンにすること，測定周期を速くすること，スイッチONで即座に測定できること，ディジタル・テスタのように手軽に使え，なおかつ実用的であることを目指しましたが，

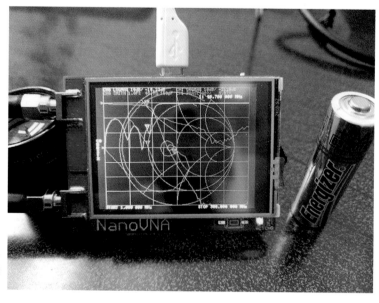

〈写真1〉最初に試作した
NanoVNA．2.4インチ液
晶を使用

〈表1〉源流であるVNWAの発表から，NanoVNAの開発と流行に至る経緯

時期	出来事
2007年2月	Prof. Dr. Thomas C. Baier, DG8SAQ; "A Low Budget Vector Network Analyzer for AF to UHF", QEX, Mar./Apr. 2007, ARRL
2008年12月	Prof. Dr. Thomas C. Baier, DG8SAQ; "A Small, Simple, USB-Powered Vector Network Analyser Covering 1 kHz to 1.3 GHz", QEX Jan./Feb. 2009, ARRL
2010年6月	西村芳一；「"VNWA2"キットの製作・試用記」，RFワールド No.10
2015年6月	特集「オールソフトウェア無線」，インターフェース 2015年7月号
2016年2月	FriskSDRを試作
2016年5月	NanoVNAの回路と基板を設計
2016年8月	NanoVNAの実装開始（ハードウェアとファームウェア）
2016年12月	NanoVNAのキット化，頒布とともにGitHubに公開
2019年3月	Hugen氏が試作改良記事を掲示板に公開（中国），製造頒布を開始
2019年6月	group.ioにフォーラム開設（英語）
2019年8月	HackADay "NanoVNA is a $50 Vector Network Analyzer" https://hackaday.com/2019/08/11/nanovna-is-a-50-vector-network-analyzer/
2019年12月	Dr. George R. Steber, WB9LVI；"An Ultra Low Cost Vector Network Analyzer", QEX Jan./Feb. 2020, ARRL

その目標はある程度は達成できたのではないかと思っています．

1.2 手軽でインタラクティブであることは教育的

手軽でインタラクティブであることは，教育的であると考えています．たとえスミス・チャートがなんであるかを知らなかったとしても，さわっているうちにその意味合いを理解してもらえるようになるのではと期待しています．

さらに，ハードウェアの改造やソフトウェアを修正することを通じて，より深い理解につながると考えます．壊したところでたかがしれていますので，気軽に改造できます．

そういう意味で，NanoVNAに触れて欲しい主なターゲットは，学生や若いエンジニアの方々です．学校やクラブに気軽に使えるVNAがあることで，RFや電磁気を肌感覚でわかるエンジニアがたくさん生まれることを願っています．

2 実現にいたる過程

NanoVNAの実現にいたる過程を少し紹介したいと思います．

2.1 DG8SAQのVNWAが与えたインパクト

NanoVNAの基本的な原理と構成はドイツ応用科学大学のThomas Baier教授（コールサインDG8SAQ）が開発した"VNWA"[1]（写真2）が元になっています．VNWAについては，本誌No.10の西村芳一氏による記

〈写真2〉Thomas Baier教授（DG8SAQ）が開発した"VNWA"（写真はVNWA2）

事[2]でその存在を知りました．PCアダプタ・タイプの2ポートVNAですが，小型ながら1.3 GHzまで測定可能であり，たいへんインパクトのある製品でした．

ARRLのQEX誌に掲載された開発者DG8SAQによる解説記事がPDFファイルで公開されていましたので，その記事を読み込んで原理と回路構成の詳細を把握しました．

あいにくVNWAのキット頒布はすでに終了していました．一方で完成品を買って使うことには興味が無かったので，基本原理と動作を確認するために公開された情報から回路と基板を起こして試作と実験を行い，VNAとして機能することを理解しました．安価なミキサICとチップ抵抗による簡単なブリッジで測定できることに感動しました．このあたりの経緯はブログ[3]にまとめています．

2.2 VNWAの課題

一方でVNWAには次の課題があると考えました．

(1) 安価ではないDDSチップを二つも必要とすること
(2) アナログ・スイッチを使って信号を切り替えていること
(3) PCオーディオを使用しているためインターフェースが煩雑なこと
(4) コントローラが貧弱でPCインターフェースが非力であること

の4点です．(2) (3)については，コーデックを内蔵しディジタル・インターフェースとすることと，適切なチップを選ぶことでアナログ・スイッチも省略できるはずです．また，(4)についてはもう少しまともなマイコンを使用したうえでUSB HID (Human Interface Device) とUSBオーディオの複合デバイスとするのが良いだろうと考えていました．

■ 2.3 マイコン・ベースのSDRからの収穫

その後，マイコン・ベースのSDR(ソフトウェア無線)を実験する中で，スタンドアローンでDSP処理することは現実的である感触を得ていました．LPC4370という32ビット・マイコンでFMステレオ放送受信機を構成するというチャレンジを解説記事として発表(4)し，その内容をフォローする連載記事でリアルタイムなカラー液晶表示が実現可能なことを確認しました．

このとき音声出力に使ったコーデック・チップがTLV320AIC3204(テキサス・インスツルメンツ)で，もともと"HandyPSK"という7MHz帯トランシーバーの回路図(5)を眺めていて，その存在を知りました．注目したのはADC2チャネルに対して，入力3チャネルの差動入力が切り替え可能なことです．さらにADCの前段にはマイク接続用のPGA (Programmable Gain Amplifier) を持っており，ゲインを補うOPアンプも不要です．

これらを活用すればVNWAを構成する3チャネルのミキサ出力をコーデック・チップに直接接続可能で，VNWAと同様の構成を極めてシンプルに実装できるだろうと考えました．しかもコンシューマ携帯機器向けの汎用品ですから安価ですし，オーディオ機器に要求されるダイナミック・レンジやひずみ性能は十分なスペックです．

■ 2.4 Si5351Aとの出会い

そのころ，Si5351A(Silicon Laboratories)というPLL周波数シンセサイザICが海外のアマチュア無線で使用されている例を散見するようになりました．安価で小型であることに加え，Adafruit等でモジュールも販売されていました．国内でもストロベリー・リナックス社からモジュールが販売開始となったのを入手し，実際にスペクトラムを観察してみたところ，十分にRFの製作に使えそうであることを確認しました．

Si5351Aはクロック用途のPLL周波数シンセサイザではありますが，現代の高速ディジタル通信に要求されているピコ秒オーダの低ジッタ性能があるので，RF用途にも目的次第で十分にクリーンな出力が得られます．ただ本当にSDRとして実用になるかどうかを確認したかったので，実際にFriskケース・サイズの"FriskSDR"という超小型SDR受信機(写真3)を試作したりしています．マイコンにはSTM32(STマイクロエレクトロニクス)を使い，レバーを使うユーザー・インターフェースはNanoVNAと共通しています．

安価で小さな10ピンのICがSDRのローカル発振器として十分実用になることに驚きました．ただし，Si5351Aを使用するには25～27MHzの水晶発振子の入手がネックでしたが，Aliexpress等での調達を試みたところ，この周波数帯，とくに26.000MHzは，普通のXO(水晶発振器)のほかにVCTCXO(電圧制御温度補償型水晶発振器)が入手できることがわかりました．VCTCXOを使えば，測定器として十分な安定度と周波数確度が得られる確証を得ました．

(a) FriskSDR (NanoSDR)

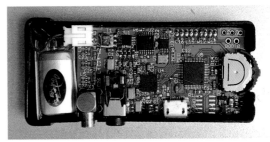

(b) 内部基板

〈写真3〉超小型SDR受信機 "FriskSDR"

❸ 最初のNanoVNA試作
──ハードウェアの検討

■ 3.1 シンセサイザをSi5351Aで
　　　置き換えるアイデア

　これらのSDR受信機の製作経験が，VNWAの課題だった，周波数シンセサイザICをSi5351Aで置き換えられるのでは，というアイデアにつながります．

　VNAには出力信号のほかに，IFぶんの周波数をずらしたLO信号が必要ですが，その両方が一つのSi5351Aから得られるはずです．その一方で，方形波でVNAが実現可能なのかは半信半疑でした．

　しかし，思いついてしまった以上は実際に確認してみたく，勢いで回路図を起こして，基板レイアウトを制作しました．このとき，入手してあった2.4インチの液晶パネルを使えるように，また抵抗膜タッチパネルとの接続を準備しました．この液晶モジュールやタッチパネルは使用経験が皆無でしたが，Arduino等の製作例を参考にとりあえず配線を接続しておいた，というレベルです．

■ 3.2 アクセサリとしてLiPoと
　　　SDカード・スロットを追加

　他にバッテリで使えるようLiPo充電の回路を付け足しました．また，SDカード・スロットも用意しましたがこちらは結局は使いませんでした．

　もしうまくいけば手のひらサイズの測定器ができるという期待はありましたが，まだこの時点では確信がありませんでした．できたらいいなの期待を込めてこのプロジェクトを"NanoVNA"と命名しました．

　回路を設計し基板をレイアウトした時点では，VNAとしての実験はおろか，液晶，タッチパネル関係のファームウェアはまったく制作しておらず，まずは実験に向けてボードを作って形にしただけでした．基板をレイアウト完了後，いつも利用している中国の製造業者に発注し，10日ほどでできあがってきました．

■ 3.3 マイコンはSTM32を使う

　マイコン（MCU）の選択についてSTM32を使うことに迷いがありませんでしたが，どのシリーズを使用するかは未確定でした．STM32は，同じパッケージとピン・レイアウトで，パフォーマンスの異なる各シリーズのMCUが用意されているので，ほぼ無改造で貼り替えることができます．

　FriskSDRでSTM32F303の使用実績はありましたが，バッテリ駆動には少し消費電流が大きい課題がありました．F072はアーキテクチャがCortex-M0であり，浮動小数点命令や，SIMD命令がないなど，DSP

処理にはあまり向いているとはいえません．しかし，SDRと違って，VNAはDSP処理のリアルタイム性がそれほど要求されないので実装可能だろうという予想がありました．SDRは連続処理で時間内に処理を終えるのが必須です．すなわち1 msぶんのDSP処理は1 ms以内に終えなければ音にならず，破綻しますが，VNAなら間欠処理で済むため，処理が多少遅くても大丈夫です．

　またF072は，消費電流が1/3程度で済むためバッテリ駆動に適しています．メモリが厳しいことがわかっていましたが，もしうまくいかなかったらF303に移行するつもりでした．

❹ 最初のNanoVNA試作
──ファームウェア

■ 4.1 RTOSとしてChibiOSを採用

　ファームウェアは，RTOS（Real Time Operating System）としてChibiOSを使用しています．ChibiOSを選択した最大の理由はUSB経由でCDC（Communications Device Class）（シリアル通信）が使えることです．ターミナル・ベースで開発できるので，デバッグが捗ります．またFriskSDRで，I²S（Inter-IC Sound）の取り扱いや，Si5351Aの制御の実績があり，簡単な移植で済みます（もちろん最初のFriskSDRでは苦労して実装しているのですが）．

■ 4.2 ファームウェア開発の過程

　シリアル・インターフェース経由でコマンドを送って，Si5351Aの制御をやってみるところから始めました．

　まずは周波数を設定するコマンドを作ります．信号が出るようになったら，今度はIFぶん周波数がずれた信号を生成できるようにします．そしてSA612や抵抗ブリッジを動作させて，IF信号が得られるかどうかを確認します．

　I²Sで受け取ったA-D変換したサンプル列をUSBシリアル経由でパソコン側に取得し，Pythonスクリプトでプロットすることで波形を観察します．波形を見ながら信号処理の方法を検討しながらPythonで試行錯誤して，反射係数（振幅と位相角）が得られるようにしました．あとは周波数を変化させながら波形を取得し，周波数のグラフにすることでVNAとして動作できていることが確認できました．

　この過程で適切な振幅が得られるよう回路定数の調整をしています．信号処理は，当初はFIRとヒルベルト変換を使った処理をパソコン上のPythonで実現しました．DSP処理の方針が決まったら，これをMCUのファームウェア上に実装しなおし，反射係数をシリアル経由で取得するようにしました．ファームウェアで計算した結果と，PC上のPythonで計算した結果を

比較して，ファームウェアの実装が妥当であるかを検討しました．Pythonにはscipy.signal等のライブラリがあり，信頼のおける結果が素早く得られるので，これはかなり効率の良い開発方法でした．

■ 4.3 校正

校正についても，最初はPython上で"scikit-rf"というライブラリ[6]を使って実装し，処理がうまくいくことを確認したのちにファームウェアで再実装しています．

校正は少しシンプルに，ショート，オープン，ロード，スルーそれぞれの標準器が理想的（ideal）であるとみなすことで，簡略化したSOLT校正としました．当初の目標は200 MHz程度のVNAを実現することだったので，この判断は妥当だったと考えています．

後述するように，ハーモニックス拡張により1.5 GHz付近まで測定範囲が広がっていますので，適切な校正モデルを使用できることが望ましいと考えていますが，To Doとしてそのまま置いてあります．

■ 4.4 スタンドアローンで動かすための工夫

ファームウェアで信号処理から反射係数の計算，そして校正処理，周波数範囲のスイープができるようになれば，VNAの本質部分の測定は実装できたことになります．しかしスタンドアローンのVNAとして成立させるためには，グラフや各種数値の表示や，UI（User Interface）の操作体系を作り上げる必要があります．

通常のパソコンとは違って，MCUやRTOSにはグラフィックやユーザー・インターフェースのサポートは何もないので，何もかもすべてを自分で実装する必要があります．いくつものグラフや情報を重ねて表示することを16Kバイトの小さなメモリで，しかも実用的な速度で実現するのは相当に技巧的です．

またメニュー・システムをタッチパネルとレバー操作のどちらでも動かせるようにしてあるなど，当たり前に見える部分はすべて苦労して作っています．

本当のところ，努力の多くはVNAの測定部分よりもこちらに費やしているのですが，RFの話題からは外れるので割愛します．

■ 4.5 操作体系は8753を踏襲

操作体系をどのようにするかは，当初は何もアイデアがありませんでした．実装するにあたってやはり何か参考になるものが必要と思い，Hewlett Packard社の古いVNAである8753C（写真4）を入手しました．

このとき初めて本物のVNAを触ったのですが，一番の驚きは連続測定であることでした．もともとPCベースの計測を土台に考えていたため，ボタンを押したらスイープ開始して測定というイメージを持っていました．そのためオリジナル基板には測定開始ボタンのレイアウトが残っています．基本的に用語はHP8753に合わせつつ，メニューや校正手順等の操作体系はNanoVNAの制約にあわせてアレンジしました．

デファクト・スタンダードともいえるVNAに合わせたことで，経験者は説明なしにNanoVNAを使えるようになったと思います．

■ 4.6 実用性を高めるための工夫など

実用性を高めるため，スイープ速度を素早くして描画を高速化すること，そして校正処理結果を5組メモリに保存し，スイッチONで校正状態がリストアされ即座に測定するようにしました．

タッチパネルのUIも結果的にうまくいったと思います．

⑤ 最初のNanoVNA試作 ——キット頒布，設計方針，オープン・ソース化

■ 5.1 キット頒布を試行

おおむね測定器としての体裁が整ったところで，キ

〈写真4〉Hewlett Packard社の古いVNA 8753C［写真提供：都立産業技術高専，小林大輝さん］

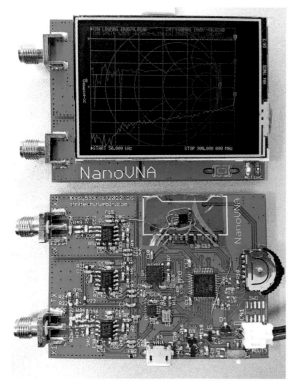

〈写真5〉頒布キットを組み立てた基板の表裏（下は電源部を改造済み）

〈表2〉組み立てキットとして頒布したオリジナルNanoVNAのスペック

項目	仕様
基板サイズ	50×68×10mm
測定周波数	0.1〜300MHz
RF出力	−13dBm（最大−9dBm）
ダイナミック・レンジ	70dB
ポートSWR	＜1.1
ディスプレイ	2.4インチ，320×240ドット
USBインターフェース	CDC（シリアル）
電源	USBバス・パワー（5V，120mA）
スキャン・ポイント数	101（固定）
表示トレース	4
マーカ	4
設定保存数	5

注▶CDC：Communications Device Class

ット頒布を試みました．

10枚ほど製造した基板のうち，試作に費やした以外の残りをキット頒布に充てました．簡単な組み立て説明書を用意し，ウェブでリポートを上げていただくことを条件に有償で頒布しました．**写真5**は頒布キットを組み立てた基板です．チップ部品を含め，すべて自分で取り付ける必要がありました．この基板はチャージ・ポンプICのTPS60241を追加して，電源を改造してあります．

結果的にリポートを拝見できたのは半分ほどでした．その後は，電源まわりなどいくつか改善を要する点はありましたので，さらに改良してキット販売を行うつもりだったのですが，多忙で手が回らず放置していました．

キットとして頒布した当時のNanoVNAのスペックを**表2**に示します．周波数上限は300 MHzであり，現在販売されているものより小型でした．

■ 5.2 キット頒布を想定した設計方針

設計に関して心がけたことは，aliexpress等の市場で入手可能なコモディティ部品を使うことです．NanoVNAのMCUはモータ・コントローラに使うような安価なマイコンですし，コーデックはコンシューマ機器が本来の用途です．RF測定器といえば少々特殊な部品を使ったり，部品点数が増えることは許容さ

れがちですが，あえてそうはせず一般的な部品を使い，本質的な機能はソフトウェアに持たせることを意識しています．

そうすることでコストが下がり，もし量産することになったときに効果的だと考えていました．のちに実際にこのことが予想以上の効果を上げることになります．

■ 5.3 オープン・ソース化

NanoVNAプロジェクトはオープン・ソースとしました．ChibiOSのライセンスが，オープン・ソースのプロジェクトならばGNU Public LicenseまたはApache Licenseが適用されることが，NanoVNAをオープン・ソースにした理由の一つでした．ソフトウェア・エンジニアとしてオープン・ソース文化に馴染みがあるので，オープン・ソースとすることにそれほど抵抗感はありませんでした．

■ 5.4 頒布後

キットの頒布後，VNAを作ることが確認できたことにおおむね満足してしまい，その後は別のプロジェクトをやったりしていて，NanoVNAプロジェクトは放置していました．ファームウェアのソース・コードや，回路図等をGitHub[7]に公開したままにしてありました．

🔳 6 中国からNanoVNAクローンが登場！

■ 6.1 ハーモニックスを利用して900MHz まで周波数拡張したクローンが登場

そのまま2年ほど放置してあったのですが，2019年春ごろに中国の流通サイトでNanoVNAが販売されていると知らせてくれる人がありました．TaoBaoやAliexpressを検索すると，見慣れた画面が表示された

NanoVNAが商品として売られています。簡易的なケースやバッテリ，各種付属品が付いており，ちゃんとした商品としての完成度が高まっていました。

中身も単なるコピーではなく，いくつかの拡張が施されているようでした。中国語のフォーラムで製作者の投稿[8]が内容を解説しており，翻訳ツールを利用して読んでみると，私の日本語のブログを翻訳して読み込んで，基板を再設計したようでした。

とても驚いたのは，方形波のハーモニックスを利用した周波数拡張が行われていたことです。ファームウェアの改造を行うことができ，RF的に技術的な知見がある人が手がけたようです。

オリジナルでは不完全だったLiPoバッテリの制御が追加され，Windows向けソフトウェア（C#），そして説明書（中国語と英語）も作成されています。私がまったくやれていなかった部分が，過不足なくカバーされています。中国の技術フォーラムやBiliBiliなどの動画サイトにも記事や動画（いずれも中国語）が投稿されており，たくさんの賞賛コメントが付いていました。

中国において，ホビー向けVNAにそれほどの需要と理解があることが衝撃的でした。技術的な裾野は想像しているよりも広くて深いようです。価格も驚くほど安価で，世界中どこからでも，いつでも買える状況となっていました。最初の試作は2019年3月ごろに行われていたようでしたが，その1～2か月後には潤沢に市場に出回っており，その立ち上がりの早さは驚異的でした。

■ 6.2 NanoVNAブームが東欧や西欧を駆けめぐり，米国へも波及

予想を裏切る展開に驚きながら検索でウォッチを続けました。2019年5月中旬の段階では，中国語の情報しかみかけなかったのですが，そうこうしているうちにキリル文字（スラブ系）のサイトに投稿が出始め，ロシアなどの東欧圏の国々で認知されたようでした。

つづいてフランス語，ドイツ語のブログやフォーラム投稿を見かけるようになりヨーロッパに達しました。やがて英語のYouTube投稿やブログを見かけるようになり，ようやく英語圏の米国に到達したようでした。

2019年6月に英語のフォーラム[10]が開設されたことによりコミュニティがあっという間に形成されました。参加者による相互扶助が行われ，さらにメニュー体系の解説や説明書が整備されていきました。ツールやマニュアル，いろいろなファームウェアがダウンロードできるよう集約され，中心的なサイトとして整備されました。

中国で開発されたものとは別のPC用ソフトウェアも制作されて，フィードバックにより急速に改良されていきました。フォーラムにはHugen氏も出てきて，英語で質問に答えるなど，ちゃんとフォローしていました。日本では2019年8月になってからブログなどを見かけるようになりました。中国から西に向かって世界を一周し，米国から日本に戻って来たわけです。

■ 6.3 改変されたクローンのバリエーション

　NanoVNAはオープン・ソースでGPLライセンスとしてありましたので，改変されたクローン版についてもちゃんとオープンになっていました．おもに下記のバージョンがありました.
- 900 MHzまで周波数拡張したバージョン
- 上記に加えて，フォント・サイズを大きく，トレースを二つに減らしたバージョン
- 上記とは別にOSをFreeRTOSにし，MCUをSTM32F303，液晶を800×480ドットと大きくしたバージョン．（当初の名称はNanoVNAProで，ハンドル名flyoob，コールサインBH5HNUのLeon Huang氏により公開）

　"NanoVNA"を冠したプロジェクトがいくつも存在するのは混乱の原因と思いましたので，上記の二つのプロジェクトについて，名称を変更するよう依頼すると快く対応してくれました．区別できるようそれぞれ作者の名前をサフィックスにしました．両者ともちゃんとオープン・ソースの文化について理解があり，オリジナルへの敬意を払ってくれています.

　思いがけずNanoVNAが盛り上がってきたので，ファームウェアを少しずつアップデートをしました．なかでもハーモニックス拡張は重要と思いましたので，実装しなおして機能を取り込みました．そのほかにも，校正処理にあった間違いの修正を取り込みました．オリジナルのNanoVNA向けに修正していましたが，MCUが異なる一部の機種を除いて，多くのクローン機種で使うことができます.

■ 6.4 フィードバック

　コミュニティが成長するに従い，フィードバックが増えてきました．オリジナルのソース・コードを公開していたGitHubにもコメントや，Pull Requestで変更提案がぽつぽつと来るようになりました.

　内容は玉石混交ですが，コミュニティが大きくなると，なかには大変優秀な方もおり，驚くようなアップデートをいただくこともありました．なかでもcho45氏によるTDR機能，画面キャプチャ機能，ウェブ・ブラウザならびにAndroid版のクライアント・ソフトウェアはその代表的なものです．さらに品質の良い日本語マニュアルも作成してくださいました．これら多大な貢献に感謝申し上げます.

■ 6.5 流通しているハードウェアの　　　　バリエーション

　Amazonやebay，taobao等でさまざまなクローンが流通しています．表3に代表的なものを示します．流通量が多いのはHugen氏により製造したタイプと，そのコピー品です.

　コピー品は品質が劣るものもあるようですが，とくに問題なく動作するものが多いようです．左上にある"CH0"の文字が消されているものが存在し，それは明らかにコピー品とのことです．しかしCH0の表記があるコピー品もあるとのことなので，確実な判断材料ではありません．あくまで素材と考えて，コピー品であるかはあまり気にせず試してみていただきたいと思います.

　オリジナルのNanoVNAと流通しているNanoVNA-Hの主な違いを表4に示します.

⑦ PC用ソフトウェア

　USBインターフェースはもともと開発に使っており，ほとんどの機能をパソコン(PC)から制御できるようにしてありました．また制御のサンプルとして簡単なPythonスクリプトを用意していましたが，オリジナルの発表時には本格的なPC用ソフトウェアは用意していませんでした.

　クローンが登場した当初からPC用のソフトウェアが用意されており，それが普及のきっかけの一つになっています．その後，別のPythonベースのGUIツールがフォーラムで発表され，コミュニティで鍛えられていきました．プロトコルがテキスト・ベースでシンプルなこともあって，NanoVNAをサポートするVNA用のソフトウェアが増えています．それらを表5(p.17)に示します.

⑧ NanoVNAのしくみ

　NanoVNAのハードウェアおよびソフトウェアの構成を解説します.

■ 8.1 ハードウェア構成

　NanoVNAのハードウェア構成を図1(p.17)に示します．開発過程における設計方針などは前述しました.

　基本的には使用するICの数ができるだけ少なくなるようシンプル化しています．ポイントをまとめると次のとおりです.
- 抵抗ブリッジの平衡出力をダブル・バランスド・ミキサSA612の差動入力にそのまま入れる.
- SA612の差動出力を差動のままLPFを通した後，TLV320AIC3204の差動入力に入れる.
- 1個のSi5351Aで必要なすべての発振出力を得る.
- コーデックとMCUはI²Sで接続する．クロック・マスタはコーデック側とする.

〈表3〉現在流通している NanoVNA と派生品の一例

外観	名称	特徴	コメント
	NanoVNA-H	基板サンドイッチ・ケース(黒). 2.8インチ. Hugen氏が製造.	コピー品多数
	NanoVNA-H	基板サンドイッチ・ケース(白). 2.8インチ. Hugen氏が製造.	コピー品多数
	NanoVNA-H	ABSケース. 2.8インチ. Hugen氏が製造.	コピー品あり
	NanoVNA-H4	ABSケース. 4インチ. STM32F303. Hugen氏とLeo氏が移植.	
	NanoVNA-F	FreeRTOS. 4インチ. STM32F303. Flyoob氏が移植. SDカード対応.	
	S-A-A-2	3GHz対応. ADF4351F. トランスファー・スイッチ. STM32F303. ハードウェア構成は全く異なる. ファームウェアを移植して利用. "NanoVNA V2" という名称を変更するよう依頼したが協力を得られない.	コピー品あり

〈表4〉オリジナル NanoVNA と NanoVNA-H との主な違い

項目	オリジナル NanoVNA	NanoVNA-H
抵抗ブリッジ	薄膜抵抗	厚膜抵抗
水晶発振器	VCTCXO	XO
LCD	2.4インチ	2.8インチ
電源	リニア	昇圧スイッチング・モード
シールド	無し	有り

■ 8.2 抵抗ブリッジの動作原理

　まずはVNAでインピーダンスを測定する原理を説明しておきます. NanoVNAは抵抗ブリッジを使用しています. 図2に原理的な回路を示します.

　ブリッジに交流信号を入力し, それぞれの抵抗アームに生じた電圧の差を受信機で検出しています. 被測定インピーダンスZが基準インピーダンスZ_0と一致したときに出力v_oがゼロとなります. インピーダンスZの値に応じて, 図3のようにv_oに現れる交流信号の

〈表5〉パソコン等で利用可能なソフトウェア

名称	プラットフォーム	言語	備考
NanoVNASharp	Windows	C#	
NanoVNASaver	Linux，macOS	Python	
TAPR VNAR4.5	Windows	C++	
AntScope2	Linux，macOS	Qt（C++）	RigExpert用のソフトウェアにNanoVNAのサポートが追加
NanoVNA Web App	Chrome	JavaScript	
Android NanoVNA App	Android	JavaScript	

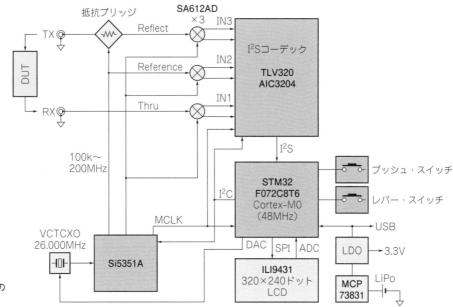

〈図1〉NanoVNAの
ハードウェア構成

振幅と位相が変化するので，これを測定対象として検出します．抵抗ブリッジの動作原理はホイートストン・ブリッジそのものです．下記の条件を満たすときに出力電圧v_0が0になるわけです．

$$R_1 R_3 = R_2 Z \cdots\cdots\cdots\cdots\cdots\cdots\cdots\cdots\cdots (1)$$

インピーダンスZの値に応じてv_0の振幅と位相が変化しますのでv_0を受信機で測定します．$R_1 = R_2 = R_3 = Z_0$とした場合，抵抗ブリッジは$-6\,\mathrm{dB}$の結合をもつ方向性結合器として動作します．生ずる電圧は$v_2 = v_i/2$であり，v_1はZに応じて下記となります．

$Z = \infty$なら$v_1 = v_i$

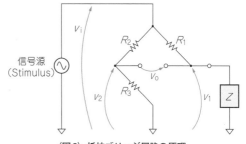

〈図2〉抵抗ブリッジ回路の原理

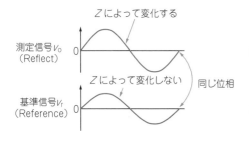

（a）オープン，$Z = \infty$のとき

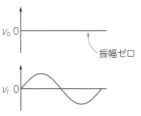

（b）ロード，$Z = Z_0$（50Ω）のとき

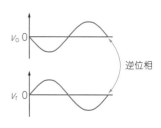

（c）ショート，$Z = 0$のとき

〈図3〉v_0に現れる交流信号の振幅と位相

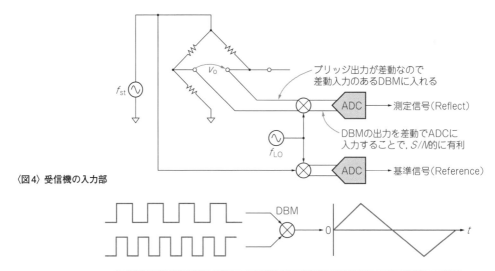

〈図4〉受信機の入力部

ブリッジ出力が差動なので
差動入力のあるDBMに入れる

測定信号（Reflect）

DBMの出力を差動でADCに
入力することで，S/N的に有利

基準信号（Reference）

〈図5〉方形波と
DBM

● 周波数差のある方形波をDBMに入力すると出力は三角波となる．
● 3倍，5倍…と奇数倍のハーモニックスがあるのは，方形波も三角波も同様である

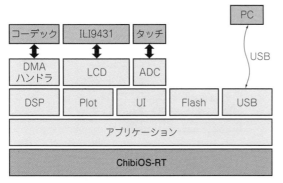

〈図6〉ファームウェアの構成

$Z = Z_0$ なら $v_1 = v_i/2$

$Z = 0$ なら $v_1 = 0$

つまり，$v_0 = v_1 - v_2$ は，

$Z = \infty$ なら $v_0 = v_i/2$

$Z = Z_0$ なら $v_0 = 0$

$Z = 0$ なら $v_0 = -v_i/2$

となるわけです．

■ 8.3 受信機

図4を見てください．受信機はミキサを使用した Low-IF方式です．被測定周波数からIFぶんの周波数をずらしたLO信号を用意し，被測定信号とLOをギルバート・セルによるDBMに入力します．ブリッジの平衡出力をDBMの差動入力に入れます．またDBMの差動出力もそのままLPFを通してADCの差動入力へ入力します．

交流信号としてSi5351Aで生成した方形波をそのまま使用しています．方形波を入力とした場合，DBMの出力は図5のように三角波となります．ギルバートセル・ミキサの場合，内部ではスイッチに近い動作をしているので，方形波が入力であっても問題はないようです．

DBMの差動入力は完全ではありませんが，リニア動作の範囲であればVNAの校正操作で不完全性は取り除かれます．

■ 8.4 ファームウェア構成

ファームウェアの構成を図6に示します．RTOSとしてChibiOSを使用しています．ChibiOSは，STM32シリーズのペリフェラルをサポートしており，HALが良くできています．またUSBをサポートしているため，PCとのインターフェースが実装が容易です．ChibiOSは，オープン・ソース・プロジェクトについてはGPLライセンスで使用できます．

実はNanoVNAのライセンスをGPLとしたのはChibiOSがGPLだというのが理由でした．GPLを避けるため別のRTOSの利用を検討したのですが，面倒なのでそのままGPLとしてしまったのが本当のところです．

周辺チップの制御のため，LCDコントローラのILI9341や，PLLシンセサイザSi5351A，コーデックTLV320AIC3204のドライバを作成しています．

内部の処理フローを図7～図9に示します．信号処理は割り込みで行います．スレッドは2本あり，システム初期化とUSBコマンドを担当するメイン・スレッドと，測定/描画/UIを担当するループ・スレッドがあります．タッチパネルやレバー操作には割り込み処理で対応します．

周波数シンセサイザに周波数を設定し，CH0とCH1

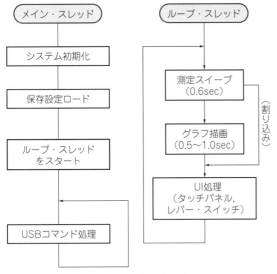

〈図7〉メイン・スレッドとループ・スレッド

の測定をそれぞれ行い，校正を適用したあとメモリに保存します．スイープ範囲について測定を繰り返した後，結果をプロットします．1ポイントの測定に5 ms，これを101ポイントぶんスイープするのに0.5秒，そして結果を描画するのに0.5秒程度を要します．もしタッチパネルやレバー操作された際には，測定を中断して，UI処理を優先して行うようにしています．

■ 8.5 クロックとPLL

Si5351Aは，仕様上は200 MHzまでのクロック出力を三つ得られます．内部にはフラクショナルPLLシンセサイザが二つあり，発振可能範囲は仕様上600～800 MHz以上とされています．そしてPLLの出力を分周する分数分周器を三つ持っており，接続するPLLを選ぶことができます．

分数分周器は分子分母ともに20ビットの解像度があり，かなりの精度で周波数を設定可能です．ところが分数分周器は，分周比を8未満に設定しようとすると分数設定は不可となり，4または6の整数いずれかしか選択できないという制約があります．周波数でいえば，100 MHz以上の場合は6，あるいは150 MHz以

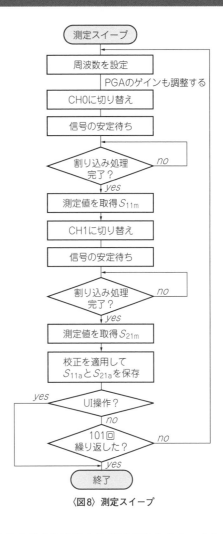

〈図8〉測定スイープ

上の場合は4を設定する必要があります．すなわち100 MHz以上の周波数については，分数分周器側では設定の自由度がないため，PLL側で周波数を設定する必要があります．

一方100 MHz以下では，下の周波数まで設定しようとすると，PLLの設定可能範囲が600 MHz以上という制約があるので，こんどは分数分周器側を設定対象としたほうが都合が良いのです．このように周波数帯により方針を変える必要があるため少々面倒なことをし

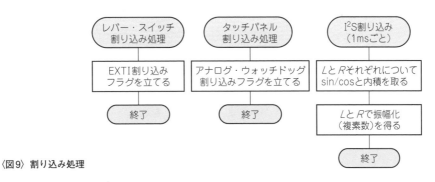

〈図9〉割り込み処理

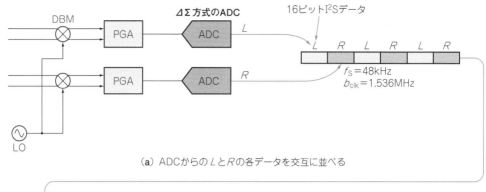

（a）ADCからのLとRの各データを交互に並べる

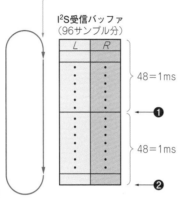

〈図10〉測定信号と参照信号をLとRの各チャネルで同時に取得してメモリに格納する

（b）I²S受信バッファのリング構造

DMAで同一のバッファに繰り返し書き込まれる．
→リング・バッファ構造
半分の❶と末尾の❷の書き込み時に割り込みが発生する

IF信号が5kHzの場合，1ms（48サンプル）のバッファにはちょうど5周期分の波形が得られる．
LとRの位相差と振幅比が測定対象の複素係数．

（c）IF信号が5kHzの場合

なければなりません．

NanoVNAでは，三つのクロック出力のうちの一つはVNAの出力信号の生成に，もう一つをミキサに供給するためのLO信号に割り当てています．さらにシステム全体を単一の水晶発振器で駆動するために，残りの一つでコーデックやMCUに供給する8MHzを生成しています．周波数帯によって二つのPLLが占有されてしまうため，PLLの設定変更と同時に分数分周器を同時に変えるという少々無茶な方法で8MHzを生成しており，安定性が犠牲となっています．しかしながら測定結果について目に見える影響は無さそうなので，コスト優先で水晶発振器を減らした構成としています．

■ 8.6 ADCとI²S

ADCは汎用コーデックTLV320AIC3204の入力側だけを使用しています．SDRのサンプリングにΔΣ方式のADCを使用することは大きなメリットがあります．それはサンプリング周波数の周辺に発生するエイリアスが効果的に取り除かれていることです．ΔΣ方式の場合，内部のサンプリングは，出力のサンプリング周波数に比べて，はるかに高い256倍といった周波数で行われているからです．

コーデック内部のDSPによりフィルタとデシメーションが行われるため，目的信号付近にはエイリアスが発生しません．しかも内部の信号処理は24ビットといった高精度で行われています．オーディオの性能競争は苛烈で，しかも大量に生産消費されていますのでこのような高性能チップが安価に利用できます．これを利用しない手はありません．

コーデックとMCUのインターフェースはI²S(Inter-IC Sound)です．コーデック側をマスタ，MCU側をスレーブとして，48kHzで1チャネルあたり16ビットで転送します．図10を見てください．ステレオ・オーディオ・コーデックにより，測定信号と参照信号をLとRの各チャネルで同時に取得します．MCUはI²SからDMAで受け取り，メモリに格納します．ダブル・バッファ構成として，半分転送するごとに割り込みを生成します．

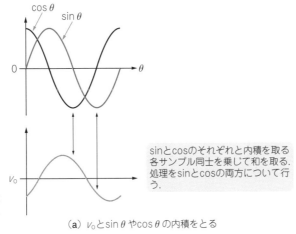

基底としてsinとcosを用意しておく

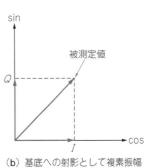

〈図11〉IF周波数の成分を内積によって取り出す

（a）V_0と$\sin\theta$や$\cos\theta$の内積をとる

sinとcosのそれぞれと内積を取る
各サンプル同士を乗じて和を取る.
処理をsinとcosの両方について行う.

（b）基底への射影として複素振幅が直接得られる

被測定値

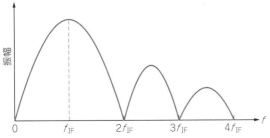

〈図12〉非整数倍の周波数成分に対する応答

8.7 信号処理

● IF周波数の成分を内積によって取り出す

　信号処理はDMAバッファ転送完了の割り込み処理中に行います. メモリに格納された1 msぶん48サンプルの信号について処理, IF周波数（5 kHz）の成分だけを取り出すために, 基底となる5 kHzのsin波, cos波と内積を取ります.

　図11を見てください. 具体的には, テーブルに用意した$\sin\theta$および$\cos\theta$と乗じて和を取るだけです. 正弦波との内積を取ることは, 単一の周波数成分の振幅を取り出す操作となります.

　位相差が直角（90°）ならば内積は0, 位相差が同一（0°）なら内積は最大値の1となります. 違う周波数成分については内積が0となりますので, 奇数倍の成分をもつ三角波を入力してもOKです. ただし, 非整数倍については応答があり, 図12のようなsinc応答（方形窓の場合）となります.

　線形代数的ないい方をすれば, 取得した波形ベクトルをあらかじめ用意した二つの基底（sin/cos）への射影を得るために内積を取っていることになります. 線形代数はとても大事です. 応答特性は方形窓（sinc）となります. もし何かしらの窓関数を適用する場合に

は, sin/cosのテーブルに窓関数を乗じておけばゼロ・コストで追加可能です.

　これを測定信号（Reflect）と参照信号（Reference）の両方について行います. 処理結果は複素数として取り扱うのが簡単です. そうして得られた測定信号の複素数値を参照信号の複素数値で割ることによって, 測定信号と参照信号の振幅比と位相差が得られます. これが校正前の生の測定値となります.

● 別の見方による説明

　別の見方をすると次のようにも説明できます. ADCで取り込んだ信号に対して, sin/cosの固定テーブルによる数値制御発振器（NCO）と, 数値的ミキサでダウンコンバートし, 0 Hzに周波数シフトします. 結果は複素数のDCとなり, これが振幅と位相を表現しています.

　そして全サンプルを加算することで平均化していることになります. ADCのサンプリングは16ビットですが, 多数のサンプルを平均化することでプロセシング・ゲインが得られ, 有効なビット数が増えています.

● 内積計算なら遅延がなく, ステートレスに実現可能

　実は当初は図13のようにIIRフィルタによるバンドパス・フィルタと, FIRによるヒルベルト変換の信号処理を実装していました. このほうが信号処理らしい実装かもしれません. しかし, タップ数ぶんの遅延があることと, それぞれのフィルタは状態（ステート）を保持する必要があります.

　一方, 図14に示す基底との内積を計算するだけの方式なら, 遅延なしに, しかもステートレスです. 遅延を減らすことはスイープの高速化に寄与します.

8.8 校正

● 誤差を校正によって取り除くしくみ

　VNAの最大の利点は, 測定において避けられない

さまざまな誤差要因のなかで，システムの不完全性によって生ずる系統誤差を校正によって除去できることです．ブリッジの不完全性などによる望ましくない余分な反射や信号の漏れ，またはDBMが持つ周波数特性などは，測定結果から校正処理によって計算で取り除くことができます．

測定に値付けをしているのは，本質的には校正キットであり，測定器ではありません．測定器の線形性が維持できる範囲で正しい測定が可能です．VNAは，校正キットとの相対値を測定しているといっても良いかもしれません．

NanoVNAタイプの測定器で生ずる誤差要因を図15に示します．DUTが持つ真のS_{11a}とS_{21a}，五つのエラー・ターム，測定で得られるS_{11m}とS_{21m}，などの関係を示したのが図16のシグナル・フローグラフです．簡単な計算規則で数式に変換できます．

$$S_{11m}=E_d+\frac{E_r S_{11a}}{1-E_s S_{11a}} \quad\cdots\cdots\cdots\cdots\cdots\cdots (2)$$

$$S_{21m}=E_x+\frac{E_t S_{21a}}{1-E_s S_{11a}} \quad\cdots\cdots\cdots\cdots\cdots\cdots (3)$$

生の測定値（S_{11m}とS_{21m}）と，校正で得られたエラー・タームから，これらの式を連立方程式として解くことにより，DUTの真の反射係数と真の伝達係数（S_{11a}^{actual}とS_{21a}）が得られます．

校正は，オープン，ショート，ロード，アイソレーション，スルーという5種類の標準器を使って校正することができます．図17は5種類の標準器の理想的な特性をまとめたものです．

NanoVNAは比較的低い周波数を対象とするので，標準器は理想的なものとして扱っています．すなわち，オープンやショートは完全な全反射，ロードは完全な無反射といった具合いです．実際には理想とは乖

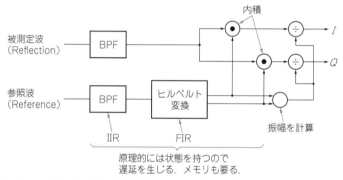

〈図13〉当初行っていた信号処理

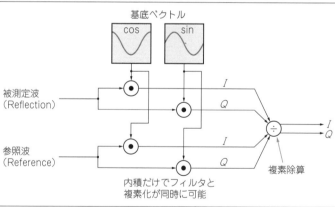

〈図14〉採用した信号処理

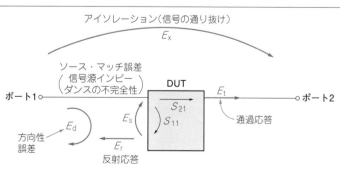

〈図15〉VNAの誤差要因

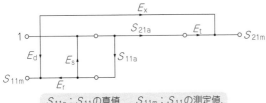

〈図16〉測定値に対する真値と誤差の関係を表すシグナル・フローグラフ

S_{11a}：S_{11}の真値，　S_{11m}：S_{11}の測定値
S_{21a}：S_{21}の真値，　S_{21m}：S_{21}の測定値
E_d：方向性誤差，　　　E_r：反射誤差，
E_s：ソース整合誤差，　E_t：伝達誤差，
E_x：アイソレーション誤差

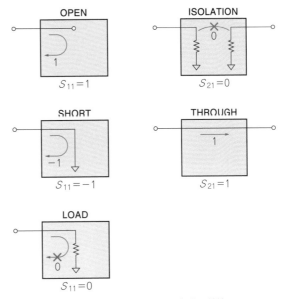

〈図17〉5種類の標準器の理想的な特性

離があり，校正モデルを適用することで近づけることができます．

● NanoVNAの校正処理のバリエーション

　NanoVNAの校正処理は，適用する校正測定によりいくつかのタイプが選択可能です．NanoVNAの標準的な校正は，五つすべてのエラー・タームを適用する方式で，これはエンハンスト・レスポンス校正となっています．ほかに，校正測定の一部を省略するなど，任意の組み合わせで校正を行うことが可能です．これら校正処理のバリエーションを表6に示します．

　校正で反射係数S_{11}と伝達係数S_{21}の真値が得られれば，あとは単純な計算によりインピーダンスや位相角，群遅延（グループ・ディレイ）など，さまざまな測定値を得ることは簡単です．

　このようにしてVNAは信号処理と校正による反射／伝達係数の測定を通して，さまざまな電気的パラメータを得ることができるのです．

■ 8.9 コマンド

　NanoVNAは，USBシリアル（CDC：Communication Device Class）経由でテキスト・ベースのコマンドを送ることで，ほとんどの操作を行うことができます．元々は液晶とタッチパネルが動作するようになる前に動作検証用に使用していたものですが，実装を素早く作って実験をするにはコマンド・ベースで行うほうが効率が良いのでそのまま使えるようにしてあります．

　計測結果も反射係数（または伝達係数）の形で得られ

るようになっており，コンパニオン・ツールはこのコマンドを使って制御と計測を行っています．ツールを使わずとも簡単なプログラムから制御することも可能です．表7に主なコマンドの一覧を示します．一部のコマンドは簡単なヘルプを表示するので参考にしてください．

■ 8.10 グラフィックス

　SPIタイプの液晶表示パネルは，ピクセルごとの描画では速度が出せません．また，MCUのメモリが十分ではないためフレーム・バッファを用意できません．メモリ節約のため最大で1024ピクセル（32×32）の小領域にいったん描画してから，その矩形領域をまとめてDMAでSPI転送し，グラフやフォントを描画しています．

■ 8.11 ユーザー・インターフェース

　メニューはVNAとして使いやすいように構成しました．HP8753を参考に，ハード・ボタンなしで済ませられるよう，メニューに取り込んでいます．このメニューを上下とプッシュが可能なレバー・スイッチのみ

〈表6〉校正処理のバリエーション

校正タイプ	OPEN	SHORT	LOAD	ISOLATION	THRU
レスポンス校正（S_{11}）	○	—	—	—	—
レスポンス校正（S_{11}）	—	○	—	—	—
ソース・マッチ補正（S_{11}）	○	○	—	—	—
リーケージ補正（S_{11}）	—	—	○	—	—
リーケージ補正（S_{21}）	—	—	—	○	—
レスポンス校正（S_{21}）	—	—	—	—	○
エンハンスト・レスポンス校正	○	○	○	○	○

〈表7〉 NanoVNAのコマンド

コマンド	意味
●基本情報	
help	コマンド一覧を表示
version	バージョン情報を取得
info	ライセンス情報表示
●測定条件設定／操作など	
sweep	スイープ周波数設定
trace	トレース設定（フォーマット／スケール）
marker	マーカ情報／設定
edelay	電気遅延（electrical delay）
transform	ドメイン変換設定
cal	校正操作
save	スイープ／トレース／校正設定保存
recall	保存設定呼出
●システム設定など	
reset	リセット（DFU）
threshold	ハーモニクス周波数閾値設定
color	カラー設定
pause	測定一時停止
resume	測定再開
touchcal	タッチパネル設定
touchtest	タッチパネル・テスト
vbat	バッテリ電圧
vbat_offset	バッテリ電圧オフセット
dac	VCTCXO調整（流通品では非対応）
saveconfig	システム設定保存
clearconfig	システム設定初期化
capture	画面キャプチャ
●測定データ取得など	
data	測定値取得
frequencies	測定周波数取得
bandwidth	帯域幅設定
scan	マルチセグメント・スキャン
●開発用	
freq	周波数設定
offset	周波数オフセット設定
sample	測定タイプ変更
stat	動作状態取得
gain	PGAゲイン設定
port	ポート設定
power	出力パワー設定

注▶ DFU：Device Firmware Update，PGA：Programmable Gain Amplifier

で操作できるようにしています．ハード・ボタンがないため，周波数の入力等はモーダル操作で対応しています．

しかしながら，レバー・スイッチだけではナビゲーションが大変であり，使いやすくはならないことは予想していたので，追加で安価に入手可能な抵抗膜タッチ付きの液晶パネルを活用して，グラフィック表示と

あわせてタッチ操作をできるようにしました．

抵抗膜方式であれば読み取る必要があるのは，タッチした位置に応じて生ずる電圧ですから，MCUのADCを使うことで，追加の部品を必要とせず省スペースで実現可能です．正直かなり面倒だったのですが，頑張れば実装できました．

同じメニュー体系をレバーとタッチの両方で操作できるようにしたうえで，さらにトレースやマーカもタッチ操作できるようにできました．タッチ操作のおかげで，安価なハードウェアとしてはなかなかの操作感を実現できたと思っています．

■ 8.12 PC等で使えるソフトウェア

NanoVNAはPCなしにスタンドアローンで使えることを目標に置いていました．そのためオリジナルではPC用ソフトウェアについては実験的なPythonスクリプトのほかは用意していませんでした．しかし，コマンド経由でほぼあらゆる制御と計測ができるようにしてあったのと，コマンドがシンプルで単純であることから，容易にPC用ソフトウェアを作成することは比較的容易です．

NanoVNA用のツールがいくつか提供されており，また既存のVNAソフトウェアがNanoVNAのサポートを追加しています．PCの大きな画面でグラフを見ることができ，またグラフを画像で保存したり，VNAのファイル・フォーマット標準といえるTouchstone形式で保存することも可能です．現在NanoVNAをサポートしているツールは前出の**表5**に示した通りです．

⑨ NanoVNAの制約

NanoVNAは割り切った構成なので，原理的なまたは実装上の制約があります．これらの制約を特徴として理解することで，より良い使い方ができると思います．

■ 9.1 方形波のハーモニクスを使用している

VNAが発生する信号は，理想的には単一の信号（シングル・トーン）であるべきです．ところがNanoVNAはクロック・ジェネレータの出力をそのまま使用しているので方形波です．そのため3次，5次，7次，…と奇数次の高調波が含まれています．

DUTがアンテナやフィルタなどのパッシブ・デバイスである場合には問題にはならないのですが，アンプなどの非線形デバイスを測定する場合には，たいてい問題となります．

DUTに入力しようとしている信号がどのようなものであるか留意が必要です．とくに300 MHz以上のハ

ーモニクスを使用した測定では，測定対象の高調波よりもはるかに強力な基本波が入力されることになります．とくに300 MHz以上ではアンプなどを対象として正常な測定にはなりません．前置フィルタで基本波を除去するなどする必要があります．

NanoVNA はフィルタやアンテナといった，パッシブで線形なデバイスが主な測定対象であると考えています．

■ 9.2 ダイナミック・レンジが限られている

NanoVNA は測定のダイナミック・レンジが最良でも70 dB程度に限られており，測定器としては少し物足りません．最大の弱点は基板への実装です．ただのFR-4両面基板に過大な期待をされてもそれは無理というものです．また，部品点数を減らすことを優先し，信号やクロック純度をクリーンとすることを二の次としているため，ADCのクロック・ジッタの影響があると考えています．

資源をつぎ込めば性能を上げることは可能だと思いますが，どれだけ安価でシンプルな構成にできるかを追求することにデザインを振っています．

■ 9.3 測定ポイント数が101と少ない

NanoVNA はスイープあたりの測定ポイント数が101と限定されています．これはメモリの少なさからくる制約です．測定ポイント数を増やすと測定周期も長くなってしまいます．少し物足りないかもしれませんが，リアルタイム性を確保するためにも，幅320ピクセルの液晶画面にグラフを描画するのに妥当な測定ポイント数だと考えています．

詳しく測るには，測定周波数範囲を狭める，あるいはPCによる制御を援用すれば，いくらでもポイント数は増やせます．

■ 9.4 校正キットを理想として扱っている

当初のNanoVNA は300 MHz を上限としたもので，比較的低い周波数範囲を測定対象としていました．そのため校正キットは理想的なものとして扱っても，それほど結果に大きな違いは生じません．

ところがその後，ハーモニクスによる周波数拡張のおかげで1.5 GHz程度まで測定できるようになりましたが，このあたりの周波数において校正キットが理想的であるという前提は無理があります．本来であれば，校正キット（特にオープン）が周波数特性を持つ校正モデルを取り扱えるようにすべきだと考えています．

🔟 さいごに

NanoVNAの開発経緯と内部のしくみについて解説

しました．書ききれないことも多いですが，少しでも理解を深める一助となれば幸いです．

測定器を作るということは，定量的な測定結果が性能そのものですから良し悪しが一目瞭然です．フラット・レスポンスを目指して改善することはエンジニアリング力を試すチャレンジでもあります．

しくみはオープンですし，（材料ともいえる）完成品は安価にいつでも買えますから，壊してもまったく惜しくありません．これほど遊びがいのある素材はないと考えています．

SMDのパーツを扱うことと，ソフトウェアを扱うことは，半田付けと同じレベルの基本技能なので，訓練にも最適だと思います．学生向けの実験等にも活用してほしいと考えています．

解説したように中身はシンプルで割り切った構成ですから，改善はいくらでも考えられると思います．もし何かアイデアがあったなら，ぜひ実際に実験して結果を公開してくださることを希望しています．

◆参考・引用文献◆

(1) VNWA3
https://www.sdr-kits.net/introducing-DG8SAQ-VNWA3
(2) 西村 芳一：「"VNWA2"キットの製作・試用記」，RF ワールドNo.10，pp.113〜119，CQ出版㈱，2010年6月.
(3) 著者のウェブ・サイト："Computer & RF Technology"
https://ttrf.tk/tags/vna/
(4) 高橋知宏：特集「オールソフトウェア無線」，インターフェース2015年7月号，pp.10〜91，CQ出版㈱.
(5) HandyPSK回路図
http://www.silentsystem.jp/handypskj.htm
https://web.archive.org/web/20160313124053/http://www.silentsystem.jp/handypskj.htm
(6) Python モジュール "scikit-rf"
https://scikit-rf-web.readthedocs.io/
(7) NanoVNAのファームウェア
https://github.com/ttrftech/NanoVNA
(8) Hugen 氏の初期投稿
http://bbs.38hot.net/thread-756047-1-1.html
(9) NanoVNAを製造しているHugen氏のサイト
https://nanovna.com/
(10) Users of nanovna small VNA フォーラム
https://groups.io/g/nanovna-users
(11) Keysight Technologies：アプリケーション・ノートAN1287-3,「ベクトル・ネットワーク・アナライザ測定に対する誤差補正の適用」
(12) Joel P. Dunsmore; "Handbook of Microwave Component Measurements：with Advanced VNA Techniques", 636p., Wiley, October 2012.

たかはし・ともひろ 札幌SDR研究会，クラスメソッド㈱

Appendix

測れるものと測れないもの，測定操作の流れなど
NanoVNA操作のあらまし
針倉 好男
Yoshio Hallicra

NanoVNAはオープン・ソースとして開発されたこともあり，インターネット上には情報があふれています．使い始める上で有益な日本語マニュアルは，cho45氏が日本語に翻訳したもの（下記）が提供されています．

https://cho45.github.io/NanoVNA-manual/

NanoVNAは簡易型とはいえ，VNAに必要な基本機能を搭載しています．しかし，テスター（回路計）やSWRメータと違って，校正のやりかたなど，使い始めは少しだけハードルがあります．

私自身，VNAを使った経験がなかったので最初は戸惑いました．そこで，これから使い始めるかたのために，測定作業の概要を手短にまとめてみました．

■ NanoVNAで測れるものと測れないもの

● 測れるもの

基本的にはアンテナのような1ポート・デバイスや，フィルタのような2ポート・デバイスに関して下記を測ることができます．

- 反射係数 S_{11}（反射損失）
- 伝達係数 S_{21}（通過損失）
- 複素インピーダンス
- 定在波比　（SWR）

上記を測ることができれば，フィルタの通過特性の周波数特性，アンテナの給電点インピーダンスなどをかなり正確に測ることができます．測定結果は片対数グラフやスミス・チャート形式で表示できます．

● 測れないもの

入力と出力の周波数が異なるデバイスは測れません．トランジスタなどの能動素子やアンプを測るのには適しません．スペアナのようにスペクトルを測ることはできません．

無線機で送信中にアンテナのSWRを測ることはできません．そういう用途なら，従来からある通過型のSWRメータが適しています．

■ 電源

電源はUSB給電または内蔵LiPo充電池です．

充電済みであれば，電源スイッチONで動作します．充電池非搭載モデルの場合はUSBケーブルを接続して給電します．充電中は電源スイッチ付近のLEDが点滅し，完了すると点灯したままになります．充電直後は電源スイッチをOFFしても充電表示LEDが点灯したままになりますが，数分すれば消えます．

■ 画面表示

図1が基本的な画面表示です．

■ 入力操作など

タッチパネルかレバー・スイッチで操作します．後者はジョグ・スイッチとも呼ばれます．タッチパネルのほうが操作しやすいと思います．タッチパネルは指やスタイラス・ペンで操作できます．

- タッチパネル（タップ，ロング・タップ）
- レバー・スイッチ操作（左，左長押し，右，右長押し，押し込み，押し込み長押し）

■ 測定の流れ

基本的には「周波数範囲設定→（必要に応じて表示設定→）校正→測定（→必要に応じて表示設定）」です．

校正作業は測りたいものがアンテナのような1ポート・デバイスならOSL校正で済みます．フィルタのような2ポート・デバイスだとSOLT校正が必要で，少

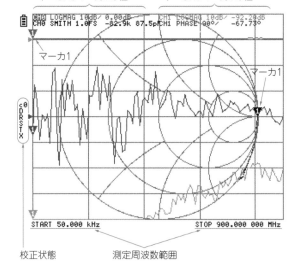

上：CH0のトレース状態　　　上：CH1のトレース状態
下：CH0マーカ1の値　　　　下：CH1マーカ1の値

マーカ1　　　　　　　　　　　　　　　　　マーカ1

校正状態　　　測定周波数範囲

〈図1〉NanoVNAの基本的な画面表示

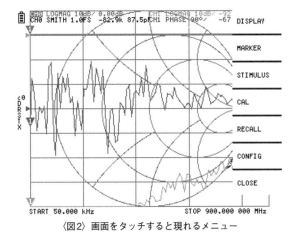

〈図2〉 画面をタッチすると現れるメニュー

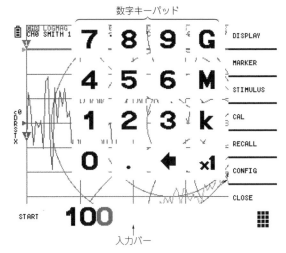

〈図3〉 入力バーと数字キーパッド

し手間が増えます．よく使う測定環境と測定条件なら
ば，校正値をメモリにストアしておき，読み出すこと
で校正作業をスキップすることも可能です．

　以下は，アンテナの入力インピーダンスを測る手順
を説明します．

(1) 測定開始周波数(START)と測定終了周波数
(STOP)，または中心周波数(CENTER)と測定範囲
(SPAN)を設定する．

　画面をタッチするとメニューが図2のように画面右
端に表示されます．ここでは開始周波数を50kHz，終
了周波数を900MHzと設定します．

　STIMULUS → START → 50k または START →
50000 → ×1です．このとき図3の入力バーの右端をク
リックするか，画面のどこかをクリックすると数字キ
ーパッドが表示されます．

　STOP → 900M または STOP → .9Gです．

(2) すでにストアされている校正値をクリアするな
ら，CAL → RESETと操作します．

(3) アンテナのSWRを測定するために1ポートのOSL
校正を行います．CH1は何も取り付けません．

　CH0にCALキットのOPEN標準器を取り付けて，
CAL → CALIBRATE → OPEN をクリックすると，
OPENが反転文字に変わって校正済みを表します．続
けてSHORT標準器を取り付けてSHORTをクリッ
ク，LOAD標準器を取り付けてLOADをクリックし
ます．

　OSL校正が終わったのでDONEをクリックします．
念のためSAVE0をクリックしてCALデータをメモリ
0へ保存します．

　校正操作が正しければ，LOAD標準器を取り付けた
らスミス・チャートの中央に，SHORT標準器を取り
付けたら左端に，OPEN標準器を取り付けたら右端に
それぞれプロットされるはずです．

(4) 被測定物のアンテナをCH0に取り付けると，周波
数に応じたインピーダンスがスミス・チャート上にプ
ロットされます．MARKER → SELECT MARKER →
MARKER1でマーカを表示した状態でレバー・スイッ
チを左右に動かしたり，スタイラス・ペンで画面上の
マーカを操作するとマーカ周波数が移動します．

(5) DISPLAY → FORMAT → SWRにするとSWR値
がグラフ表示され，マーカ周波数のSWR値も表示さ
れます．

　以上が操作のあらましです．ユーザ・インターフェ
ースや画面表示は，ファームウェア制作者やバージョ
ンによって違いがありますので，あれこれ実際に操作
してみてください．

はりくら・よしお

第2章　通過特性S_{21}，反射特性S_{11}，
インピーダンス測定など

NanoVNAの基本性能評価

市川 裕一
Yuichi Ichikawa

Copper Mountain Technologies社製VNAの使用レポート（編注；p.114をご覧ください）に合わせて，最近巷で話題の"NanoVNA"も触ってみました．

NanoVNAは，日本のAmazonから5,000円～6,000円程度で入手できます．NanoVNAには，白色，黒色，SMAケーブル付きなどいろいろものがあり，ファームウェアも微妙に違っているようです．

どれを選んだらいいのか迷ってしまいますが，とりあえず必要最低限のものが付属していて，安いもの（写真1）を購入してみました．本体に加え，USB Type-Cケーブル，校正用キット（Open, Short, Loadの各標準器）が付属しています．

■ 購入したものの仕様

製品の説明等から仕様を以下に抜粋して示します．
- 測定周波数範囲：50 kHz～900 MHz
- 測定ポイント数：101ポイント固定
- 1パス2ポート構成（S_{11}，S_{21}）
- 2.8インチ・タッチスクリーン
- LiPoバッテリ内蔵
- 名刺/カード・サイズ

1 まずは動かしてみました

USBケーブルから給電し電源スイッチを入れると…，

何と！数秒で起動します．最近の測定器は起動に時間がかかる，すぐに立ち上がる昔の測定器が恋しい，と感じる昨今にあってはとても衝撃的です．

画面上には写真2のように，
- CH0 LOGMAG（リターン・ロス：S_{11}）
- CH1 LOGMAG（通過損失：S_{21}）
- CH0 SMITH（スミス・チャート：S_{11}）
- CH1 PHASE（通過位相：S_{21}）
の計4トレースが重ねて表示されます．

画面をタッチするとメニュー（写真3）が現れます．各種設定，操作等はタッチスクリーンで行えます．メニューはわかりやすく，操作に困ることもないと思います．

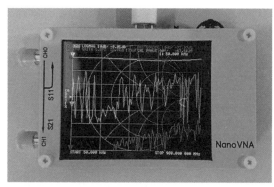

〈写真2〉電源ON直後のスクリーン表示

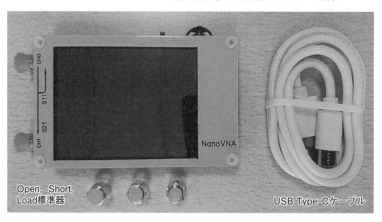

〈写真1〉購入したNanoVNAと付属品

メニューでいろいろ設定を変えてみると，入手したNanoVNAは10 kHz〜1500 MHzの測定ができることがわかりました．

実際にいろいろ測定してみようと思いましたが，画

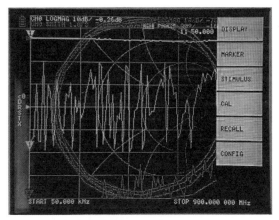

〈写真3〉画面タッチで現れるメニュー

面が小さく，NanoVNAだけではデータも残せません．その不満を解消してくれるのが，GitHubで公開されている"NanoVNA Saver"（図1）です．NanoVNA SaverをPCにインストールすると，NanoVNAの設定，データの取り込みなどを行えるようになります．また，NanoVNA Saverを使うと，測定ポイント数を増やすこともできます（101ポイント→202→303→404…）．

https://github.com/NanoVNA-Saver/nanovna-saver/releases/

❷ 性能を調べてみました

■ 2.1 その1：通過特性（S_{21}）

写真4を見てください．ステップ・アッテネータ8495B（キーサイト社）の減衰量を0 dBから70 dBまで，10 dBステップで変えたときの通過損失を測定し

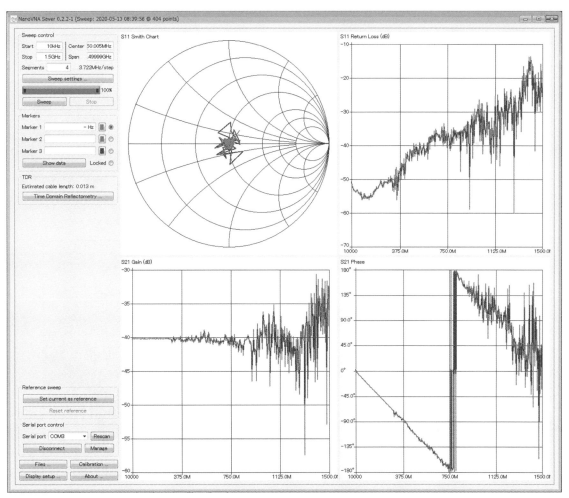

〈図1〉"NanoVNA Saver"の画面表示例

ました．NanoVNA SaverでSパラメータの測定値を取り込み，グラフにまとめたものを図2に示します．

基本波を使って測定している300 MHzまでは，−60 dB程度まではしっかり測れています．一方，3次高調波を使って測定している300 MHz〜900 MHzは，−40 dB程度まではなんとか測定できています．そして5次高調波を使って測定している900 MHz〜1500 MHzは，参考程度の特性です．

■ 2.2 その2：反射特性(S_{11})

写真5のようにNanoVNAに短めのSMAケーブルをつないで校正を行い，校正端に固定アッテネータ接続して反射特性を見てみました．固定アッテネータの一端はOPENにするので，固定アッテネータの減衰量の2倍のリターン・ロスが得られます．

固定アッテネータは，3 dB，6 dB，10 dBを用意し

ました．接続する固定アッテネータを変えてリターン・ロス特性を測った結果を図3に示します．

アッテネータの組み合わせとリターン・ロス想定値の組み合わせは下記の通りです．

- 3 dBアッテネータ：リターン・ロス想定値6 dB
- 6 dBアッテネータ：リターン・ロス想定値12 dB
- 10 dBアッテネータ：リターン・ロス想定値20 dB
- 10 dBアッテネータ＋3 dBアッテネータ直列：リターン・ロス想定値26 dB

基本波を使って測定している300 MHzまでは，リターン・ロスで26 dB，VSWRで1.1程度まではしっかり測れています．一方，3次高調波を使って測定している300 MHz〜900 MHzは，リターン・ロスで20 dB，VSWRで1.2程度までの測定はなんとかできそうです．そして5次高調波を使って測定している900 MHz〜1500 MHzは，まったくあてになりません．

■ 2.3 その3：インピーダンス測定

最後にNanoVNAのインピーダンス測定性能を確かめてみました．測定にあたり，写真6に示すSMAのリセプタクルを用意しました．

左側は(部品がはんだ付けできる程度残して)リセプタクルの中心導体をカットしたもので，測定の基準面

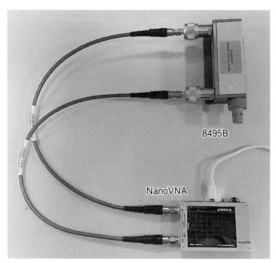

〈写真4〉通過特性(S_{21})を測るセットアップ

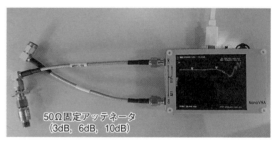

〈写真5〉反射特性(S_{11})を測るセットアップ

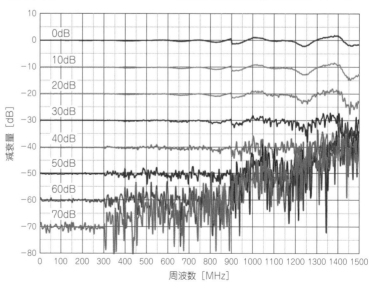

〈図2〉通過特性(S_{21})の測定結果

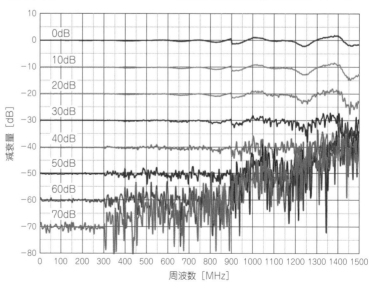

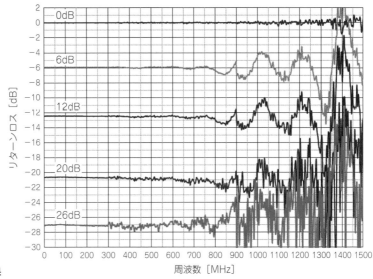

〈図3〉 反射特性(S_{11})の測定結果

を設定するために使います．これが基準器です．

　右側は評価対象で，左側と同じ加工を施したものの中心導体とフランジ間に，51 Ωと10 nHを直列にはんだ付けしています．

　NanoVNAにも電気長の補正機能が備わっていますから，測定ケーブルの先端で校正を行ったあと，基準器を接続し，電気長補正を行います．その後，測定対象を接続し，インピーダンスを測定しました．なお，先の反射特性の測定から，900 MHz以上の測定は意味がないことがわかっているので，10 kHz〜900 MHzの範囲で測定します．

〈写真6〉 インピーダンス測定のための治具

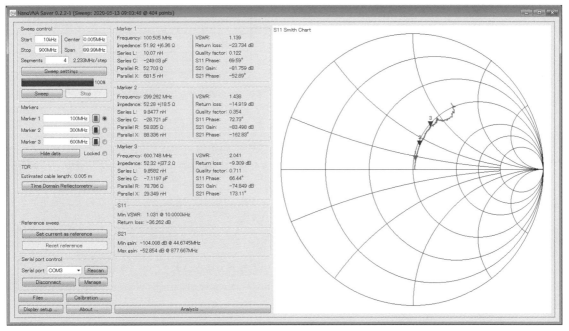

〈図4〉 NanoVNAによるインピーダンス測定結果（10 kHz〜900 MHz）

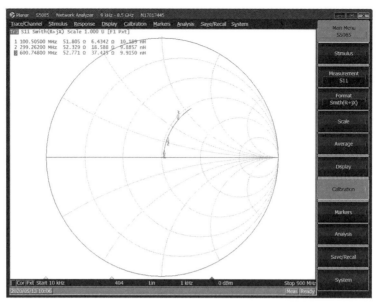

〈図5〉S5085によるインピーダンス測定結果（10 kHz～900 MHz）

図4にNanoVNAによる測定結果を示します．また比較のために，Copper Mountain Technologies社製VNA（S5085）による測定結果を図5に示します．測定結果から，NanoVNAによるインピーダンス測定は，600 MHz以下程度に留めたほうが良さそうです．600 MHz以下であれば，抵抗成分，リアクタンス成分共にしっかり測れています．

■ 2.4 その4：ポート出力電力

参考までに，NanoVNAから出力されるポート信号レベルの測定結果を図6に示します．マーカM1は300 MHz，マーカM2は900 MHzです．300 MHz以下は基本波ですが，3倍高調波を利用する300 M～900 MHzと5倍高調波を利用する900 M～1.5 GHzでは出力信号レベルが下がっていることがわかります．この出力信号レベルの低下が，300 M～900 MHz，900 M～1.5 GHzにおける測定確度の低下につながっていると考えられます．

❸ NanoVNAの利用価値は？

300 MHz以下の一般的な回路の測定であれば，問題なく使えると思います．そして300 M～900 MHzの測定にも，十分使えると思います．今回入手したNanoVNAは，LiPoバッテリを内蔵しているので，そのバッテリの持ち時間も測定してみました．満充電してから電源を入れ，電源が落ちるまでの時間を測って

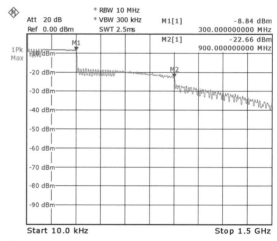

〈図6〉NanoVNAから出力されるポート信号レベルの測定結果（10 kHz～1.5 GHz）

みると，なんと2時間25分も持ちました．

ポケットに入れて持ち歩ける大きさで，使いたいときに直ぐに起動できるので，テスタ感覚で持ち歩いて，いろいろな場面でさっと使えると思います．

また，NanoVNAはとても安価なので，測定器がネックとなっていた大学等の授業や各種セミナーなどでも，VNAを一人1台用意することが可能でしょう．

いちかわ・ゆういち　アイラボラトリー
http://www17.plala.or.jp/i-lab/

Appendix

50 kHz～4.4 GHzまで進化した新しいNanoVNA
S.A.A.2シリーズの概要
針倉 好男
Yoshio Hallicra

Hugen79さんがNanoVNA-Hへ実装したハーモニック・ミキシングによる周波数拡張は素晴らしいアイデアだと思います．しかし，いかんせん900 MHzあたりが限界で，とくに5倍高調波を使う900 M～1.5 GHzはノイジーでダイナミック・レンジも40 dBとれるかどうか疑わしいレベルでした．

今日の無線応用を考えると，せめて2.4 GHz帯，できればサブ6 GHzあたりまでカバーして欲しいという要望があると思います．

2020年5月ごろ，それに応えるようにハードウェアを一新して3 GHzまで拡張した"S.A.A.2"（NanoVNA V2）が登場しました．始祖である高橋さん（edy555）が開発中の"NanoVNA2"と紛らわしいので，本稿ではSAA-2と表記します．

SAA-2は，公式サイト(1)の説明によるとHCXQSとOwOCommが共同開発したもので，そのハードウェアはNanoVNAと回路構成が異なり，ファームウェアに互換性がありません．ネット上の情報によればHCXQSは中国南京市鼓楼区にあるグループで，

OwOcommは中国南京市で通信システムを研究しているチームのようです．

図1はRF部のブロック図です．周波数範囲を3 GHzまで拡張するために，ミキサにAD8342（スペックは最大3.8 GHz）を採用し，局発（LO）はVHF帯にSi5351A，UHF帯にAD4350（同138 M～4.4 GHz）をそれぞれ採用し，基本波ミキシングによって60 dB以上のダイナミック・レンジを確保しています．表1はSAA-2シリーズのスペックです．

さて，日本のAmazonを見ていると，SAA-2とかNanoVNA v2の名称で，3 GHzまでカバーする製品が多数出品されているのですが，外観を大別すると写真1のように3種類があるようです．

一つは2020年5月頃に出回った初期のサンドイッチ基板むきだしのもので，これを便宜上，Ⅰ型と呼びます．次にプリント基板材を使ったフロント・パネルとバック・パネルが付いたもの（Ⅱ型），そして8月頃からプラスチック筐体に入り，専用ポーチ（写真2）にCALキットやSMAケーブルをコンパクトに収納可能

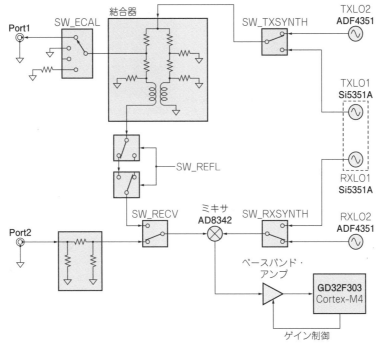

〈図1〉RF部のブロック図

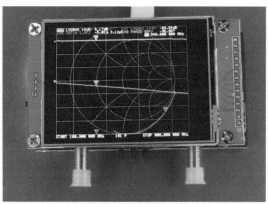

（a）Ⅰ型（基板むき出し）

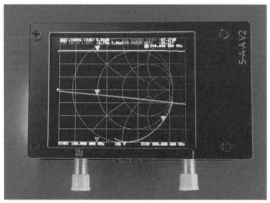

（b）Ⅱ型（前後パネル基板サンドイッチ）

（c）Ⅲ型（プラスチック・ケース）

〈写真1〉ネット通販で入手した3種類のSAA-2

〈表1〉SAA-2シリーズのスペック

項目	v2.2	v2.3 (V2Plus)	V2Plus4	条件
LCDサイズ	2.8インチ		4インチ	
周波数範囲	50 kHz～3 GHz		50 kHz ～4.4 GHz	
システム・ダイナミック・レンジ	70 dB		70 dB	$f<1.5\,\mathrm{GHz}$
	60 dB		70 dB	$f\geqq1.5\,\mathrm{GHz}$
S_{11}ノイズ・フロア	−50 dB			$f<1.5\,\mathrm{GHz}$
	−40 dB			$f\geqq1.5\,\mathrm{GHz}$
スイープ速度	毎秒100 ポイント	毎秒200 ポイント	毎秒400 ポイント	$f\geqq140\,\mathrm{MHz}$
	毎秒80 ポイント	毎秒100 ポイント	毎秒200 ポイント	$f<140\,\mathrm{MHz}$
測定周波数ポイント（デバイス上）	10～201 ポイント			調整可能
測定周波数ポイント（USB制御）	10～1024 ポイント			調整可能
電源	USB，4.6～5.5 V			
供給電流	350 mA（typ.），400 mA（max.）			非充電時
バッテリ充電電流	1.2 A（typ.）			
バッテリ容量	1000～2000 mAh		3000 mAh	ベンダ依存
動作周囲温度	0～+45 ℃			
充電時周囲温度	+10～+45 ℃			

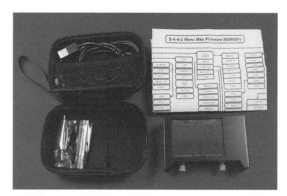

〈写真2〉付属の専用ポーチに本体のほか，CALキット，接続ケーブルなど一式を収納できる

なもの（Ⅲ型）が登場しました．私が入手したⅠ型はLiPo電池が別売で，Ⅱ型とⅢ型はLiPo電池付きでした．どれを買っても価格は大差ないので，Ⅲ型がオススメだと思います．

なお，2020年10月時点では"V2 Plus 4"に進化しており，これは4.4 GHzまでカバーし，4インチLCD，4倍速動作をうたっています．ただしPlus4は日本のAmazonではまだ見かけません．さらにV3と称する6 GHz版も開発が進行中で，来年あたりには登場が見込まれます．

◆参考文献◆
(1) S.A.A.2オフィシャルサイト "NanoRFE"
 https://nanorfe.com/nanovna-v2.html
(2) ユーザーガイド（英文），UG1101, User Guide, 2020/09.
 https://nanorfe.com/nanovna-v2-user-manual.html

はりくら・よしお

第3章　基本的な使い方，校正，内蔵信号源の評価，フィルタやCRの測定例など

NanoVNA試用記

西村　芳一
Yoshikazu Nishimura

■ いまさらですが"NanoVNA"とは

■ 1.1 ネットにあふれるNanoVNA

　私の知り合いで，最近アマチュア無線を再開した人から「NanoVNAって知っている？あれはいいよ！」という話を聞きました．その前から米国のQEX誌でNanoVNAが紹介されていたので，存在は知っていました．しかしその構成をみて見ると，以前，私が本誌に紹介したDG8SAQの"VNWA"[1]とローカル発振器のICこそ異なりますが，ミキサICなども同じで，ほぼ基本構成は同じようでした．そのため，個人的には大きな興味を持ったわけではありませんでした．

　しかし，ネットを見るとNanoVNAの話題で持ち切りなのにはびっくりしました．アマゾンをNanoVNAで検索してみると，たくさんのバージョンが現れ，値段もばらばらで，5,000〜6,000円台で販売されています．代表的なものに，写真1のような黒筐体のものと白筐体のものがあります．ファームウェアのバージョンはそれぞれ異なりますが，ハードウェアの構成は同じようです．いずれも中国製で，タッチスクリーン付きのLCDとLiPo充電池まで内蔵して，この価格は大変魅力的です．日本国内でこの価格で作るのは，難しそうですね．

■ 1.2 本格的なVNAと比較してみる

　今回，このNanoVNAを評価する機会をいただいて，その内容と実力の解析を行い，私なりに評価してみようと思います．評価にあたっては，基準機としてキーサイト社のマイクロ波アナライザN9916A（写真2）を使って比較を試みます．これは携帯型でありなが

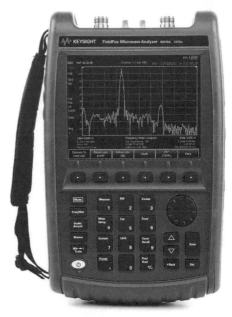

〈写真2〉マイクロ波アナライザ"FieldFox"N9916A
（5 k/30 k〜14 GHz，キーサイト）

〈写真1〉入手したNanoVNA

らネットワーク・アナライザ機能（30 k～14 GHz）とスペクトル・アナライザ機能（5 k～14 GHz）を併せもつ製品です．手元のN9916Aはオプションを合わせると400万円近くしますから，直接比較は合理的ではなく，その価格差の部分を考慮しないで比較するのはフェアでないことは理解しています．

結論として私がいえるのは，それなりに便利に使えますが，その限界を知ることも重要だと思いました．測定値を鵜呑みにしては間違った結果を信じることになりますし，どのような原因で測定誤差が発生するのか，その理屈を理解したうえで使うことが必要だと思います．ただコンパクトなサイズで，屋外にも簡単に持ち出せますし，活躍できるところもたくさんありそうです．

このNanoVNAの基本を設計したのは，若い日本人エンジニアの高橋知宏さん（edy555）で，特集 第1章に紹介されているとおりです．回路図もソフトウェアも公開され，オープン・ソースの形で作られています．それをもとに中国人が安く組み上げたのがアマゾンをはじめとする通販サイトで売られているものです．

❷ NanoVNAの機能と使い方

■ 2.1 NanoVNAの内部構造

内部に関しては，第1章で解説されていると思いますから，それがどのように実装されているかを調べてみたいと思います．筐体は**写真3**で示すように3枚の基板を使った3層構造です．真ん中のプリント基板にLiPo電池を含む，すべての部品が載っており，その基板をフロント・パネル基板とリア・パネル基板で挟みこんだサンドッチ構造です．

写真4はフロント・パネルとリア・パネルを外したようすです．上側の基板は白いNanoVNAの基板で，3個のミキサICがあるフロントエンド回路には，シールド・ボックスが取り付けられるようにパターンを設けてあるものの取り付けられていませんでした．黒いほうはシールド・ボックスが取り付けてあります．その性能差も気になるところです．真ん中の基板を裏返した反対側には**写真5**のように液晶が載っています．とてもシンプルな構造であり，それによって安い市場

価格を実現しているといえます．

■ 2.2 画面表示と操作方法など

まずは白筐体のNanoVNAの電源を入れてみます．内部にLiPo充電池を内蔵しているので，外部電源接続なしにどこでも使えるのはとても便利だと思います．先の**写真1**は電源投入直後の画面です．白筐体はいきなりこの表示になりますが，黒筐体は最初にバージョンなどが記されたオープニング画面が一瞬表示されたあと，測定画面に切り替わります．また黒筐体では，電池の残量表示もあります．書き込まれているファームウェアのバージョンは，かなりバラエティがありそうです．

操作は二つの方法があります．一つは本体電源スイッチの横にあるジョグ・スイッチ（レバー・スイッチ）を使って操作する方法です．しかし，このジョグ・スイッチは反応が悪く，なかなか思うように動作せず，私の印象では使いにくい感じです．もう一つの方法はタッチスクリーンです．LCDの表面をタッチすると，メニューが現れて設定を行うことができます．LCDをタッチすると，まず**写真6**のようなメイン・メニューが現れます．ここで必要な項目をメニューに沿ってタッチしながら設定します．

メニュー画面では，対数表示グラフやスミス・チャート，SWRなど通常のネットワーク・アナライザが測定できる項目が選べます．4トレース分の測定結果を色違いの4色で同時に表示できます．重なると目障りな場合は，それぞれ表示をOFFにすることもできます．画面を見た第一印象は「文字が小さくて，見にくいなー！」です．とくに私を含む年配のユーザには，拡大鏡でもつけないと使えない感じがします．

❸ NanoVNAとパソコンとの接続

電源スイッチの隣にType-CのUSBコネクタが付いています．このコネクタで内蔵のLiPo電池を充電できます．さらに，本体基板上にシリアル-USB変換器を搭載しており，パソコンと接続して仮想COMポートとして通信が可能です．先ほどLCDの文字が小さくて見えにくいと書きましたが，パソコンと接続すれば測定結果をパソコン画面に表示することが可能で

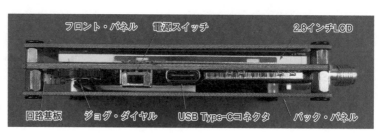

〈写真3〉3枚の基板を使った3層構造

フロント・パネル　電源スイッチ　2.8インチLCD

回路基板　ジョグ・ダイヤル　USB Type-Cコネクタ　バック・パネル

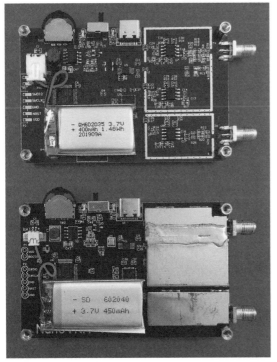

〈写真4〉 フロント・パネルとリア・パネルを外したようす(上：白筐体の内部基板はシールドなし，下：黒筐体の内部基板はシールド付き)

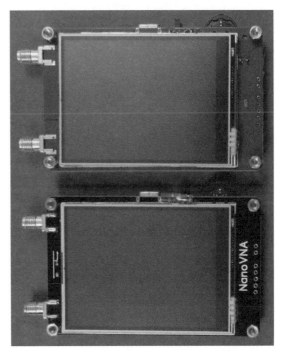

〈写真5〉 タッチスクリーン付きLCDパネル(上：白筐体，下：黒筐体)

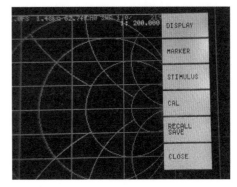

〈写真6〉 LCDをタッチすると現れるメイン・メニュー

す．ポータブル性は犠牲になりますが，私はこちらの方が使いやすいと感じました．

　NanoVNAと通信して，結果を表示するアプリケーション・ソフトウェアはたくさんの種類がリリースされています．なかでも図1に示す"NanoVNA-Saver"は，LCDの表示内容をパソコン画面で大きく表示できてとても便利です．これがあれば測定結果のハード・コピーを簡単にとることができます．

　そのほか"NanoVNASharp"というアプリケーション・ソフトもあります．二つを比べると，前者の方が使いやすそうですが，好みの問題だと思います．

　以降，NanoVNAの特性を測定するときには，特性のハード・コピーとして"NanoVNASharp"を使って説明することにします．

❹ 校正する理由と校正方法

■ 4.1 測定の都度，校正が必要なわけ

　皆さんすでに理解されていると思いますが，測定対象物(DUT)をVNAを使って測定する場合，最初に校正を行います．VNAが複素インピーダンスを正確に測れるのは，測定にまつわる誤差要因をあらかじめ校正によって取り除くからです．これがスペクトラム・

アナライザとトラッキング・ジェネレータを組み合わせたスカラー測定や，スペクトラム・アナライザを使った測定とは大きく異なる点です．

　さて，DUTを測るとき，図2のようにCH0コネクタからDUTまで同軸ケーブルを使って接続し，測定することでしょう．例えば反射特性であるS_{11}を測定するときに私たちが知りたいのは，DUT入力のS_{11}特性であって，CH0とDUTをつなぐケーブルの特性が測定結果に含まれないようにする必要があります．

　そのため，DUTをつなぐケーブルの端が基準面になるように校正します．そうすることで，ケーブルによる位相回転などの効果をキャンセルできます．

　ネットワーク・アナライザの測定周波数範囲の設定を変えたり，DUTの接続を変えたときには，基本的に

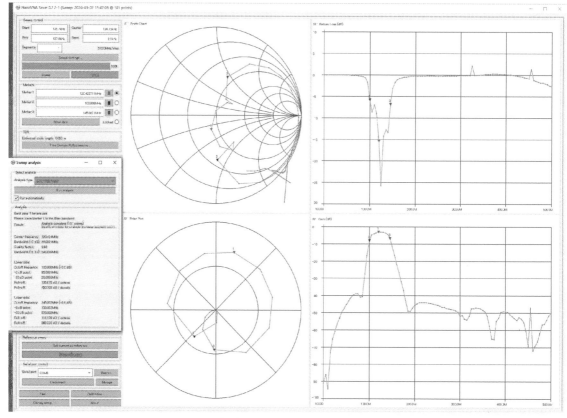

〈図1〉 "NanoVNA Saver"の画面

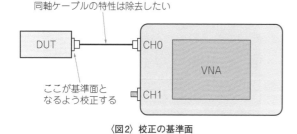

同軸ケーブルの特性は除去したい

ここが基準面と
なるよう校正する

〈図2〉 校正の基準面

Open　Short　Load　Thru

〈写真7〉 NanoVNA購入時に付属していた校正キット

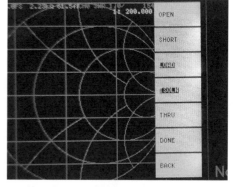

〈写真8〉 CAL→CALIBRATE(校正)メニュー

は校正し直す必要があります．この校正は一般にネットワーク・アナライザを使うときに必須のものです．

■ 4.2 基本的な校正手順

校正には**写真7**のような校正キットを使います．これらはNanoVNA購入時の付属品です．オープン標準器(Open)，ショート標準器(Short)，ロード標準器(Load)の3種類と通過アダプタ(Thru)があります．**写真8**に校正(CAL)のメニューを示します．校正を始める前に，前の校正データが残っているので，まずは前回の校正値が影響しないようにCALメニューの"RESET"を実施して始めます．次に**写真8**のメニューにしたがって，上から順番に校正を行います．

図3は校正時の接続です．"OPEN""SHORT""LOAD"

は，基準面にオープン標準器，ショート標準器，ロード標準器をそれぞれつないで校正します．

次の"ISOLN"(Isolation)というのは，DUTをつないでいないときでもCH0とCH1の間には基板上やケーブル間のわずかな結合があって測定誤差の要因にな

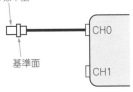

オープン，ショート，ロードの
各標準器

基準面

CH0

CH1

（a）OPEN，SHORT，LOAD校正

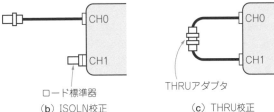

ロード標準器

（b）ISOLN校正

THRUアダプタ

（c）THRU校正

〈図3〉校正時の接続

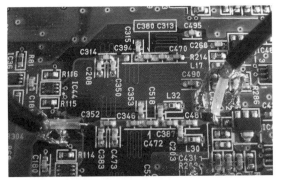

〈写真9〉基板上にあるフィルタの特性を測定したい場合

〈写真10〉100 Ωの
チップ抵抗を2個
並列に半田付けし
て50 Ω終端する

るので，それを校正するものです．CH1にロード標準器をつなぎ，校正します．

　最後に"THRU"(Thurough)です．S_{21}を測定するとき，CH0からの信号をDUTへ入力し，DUTの出力をCH1につなぎます．これらケーブルの測定結果への影響をキャンセルするために，測定系からDUTを外し，その代わり入出力のケーブルを直に接続して，測定を行います．こうして校正を測定した結果は"DONE"を押すことで，測定値に反映されます．またその補正の値は，メモリに保存して，あとで読み出すことも可能です．

■ 4.3 コネクタで接続できない DUTを測定したい場合の校正

　このようにDUTがSMA等のコネクタ接続であれば，比較的校正は簡単に行えます．ところが写真9のように，基板上にあるフィルタの特性を測定したい場合は，校正キットをつなぐことができないので，別の方法を使わなければなりません．基準面は基板に半田付けする同軸ケーブルの先端にします．ここをオープンやショートにするのは比較的簡単です．

　もっとも面倒なのは50 Ωの終端です．写真10のように，100 Ωのチップ抵抗を2個並列に半田付けして終端しました．ここで重要なのは，できるだけ電磁界モード変化による反射が起きないように，50 Ω抵抗1個ではなく，2個の100 Ω抵抗を並列接続してモード変化に伴う反射を減らすことです．もちろんこの方法ですと，上限の測定周波数はあまり高くはできないで

すが，1 GHz程度でしたら問題ありません．

⑤ NanoVNAの信号源

■ 5.1 信号源とローカル発振に Si5351Aを採用

　ネットワーク・アナライザは一種のスーパーヘテロダイン受信機であるため，測定のための信号源と受信機のローカル信号源の二つが必要です．NanoVNAでは，シリコンラボラトリーズ社のSi5351Aを使っています．このICは本来，クロック信号源として設計されたものです．データシートには2.5 Hz～200 MHzの信号を発生できるようになっています．とてもリーズナブルな価格で購入でき，NanoVNAにピッタリです．

　しかし，クロック信号源なので出力波形は正弦波ではありません．例えばNanoVNAで25 MHzのCW信号を発生させて帯域200 MHzのオシロスコープDPO2022B(テクトロニクス)で観測したのが図4の波

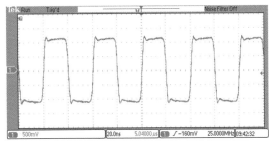

〈図4〉NanoVNAで25 MHzのCW信号を発生させて帯域200 MHz
のオシロスコープで観測した波形(20 ns/div., 500 mV/div.)

形です．矩形波で多くの高調波を含んでいます．この信号をN9916A(キーサイト)につないで，スペクトルを観測したのが**図5**です．NanoVNAでは，この奇数次の高調波を信号源として，Si5351Aで発生できる範囲を越えた周波数をも測定する技法を使っています．

■ 5.2 Si5351Aによる信号源の評価

● 25 MHz

図6は25 MHzの信号をスパン100 kHzで観測したもので，スプリアスもなくきれいな信号が出ています．またノイズ・フロアはC/Nが80 dB以上とれていますから十分なダイナミック・レンジがあると思われます．CWの周波数を変えていくと，300 MHzが境目になっていて，300 MHz以下はSi5351Aの基本波を使い，300 MHzを越えると3倍高調波を使っているようです．しかし，ICのスペックは200 MHzが上限となっており，実力以上のオーバースペックで使っていることがちょっと問題だと個人的には思います．

● 125 MHz

次にCWの周波数を125 MHzに設定してみます．同じくCH0にN9916Aをつないでスペクトルを観測したのが**図7**です．同じく100 kHzのスパンで見ています．25 MHzとは異なり，かなりの近接スプリアスが発生しており，これは測定誤差を発生させる要素になると思われました．ただし，信号処理の部分は私にはよくわかりませんので，影響ないように処理しているのかもしれません．

● 500 MHz, 900 MHz

さらにCH0が500 MHzと900 MHzの場合のスペクトルも測定してみました．**図8**が500 MHzで**図9**が900 MHzです．900 MHzのキャリヤ・レベルは25 MHzのレベルと比べて−20 dB程度低くなっており，VNAのダイナミック・レンジに影響しそうです．さらにNanoVNAに使っているミキサICのSA612A(NXPセミコンダクター)の上限周波数はデータシートによると500 MHzです．つまりこれもオーバースペ

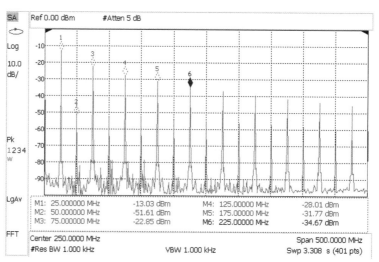

〈図5〉 図4の信号をN9916Aで観測したスペクトル

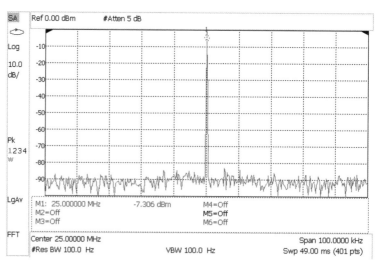

〈図6〉 図4の信号をスパン100 kHzで観測したスペクトル

ックで使っていることになります.

したがって，ローカル信号の低下と，ミキサのゲイ

ン低下から，300 MHz以上の測定はかなりダイナミック・レンジが狭くなるような気がします.

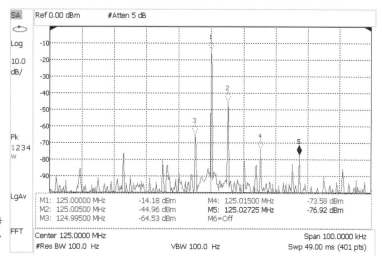

〈図7〉 125 MHzのCW信号をスパン100 kHzで観測したスペクトル

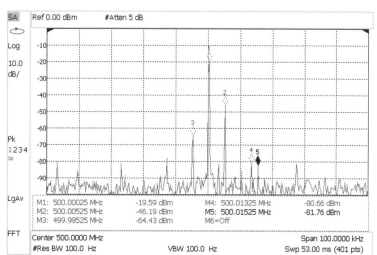

〈図8〉 500 MHz の CW信号をスパン100 kHzで観測したスペクトル

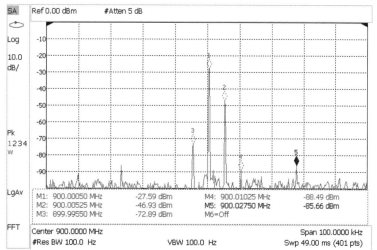

〈図9〉 900 MHz の CW信号をスパン100 kHzで観測したスペクトル

🄖 バンドパス・フィルタ ABF128SMAの特性を測定してみる

■ 6.1 NanoVNAによる測定

　DG8SAQのVNWA2を評価したときと同じ, エア・バンド受信用のバンドパス・フィルタ ABF128SMA (エーオーアール, **写真11**)の特性を測定してみることにします.

● S_{11}とS_{21}の測定結果

　まずは白いNanoVNAを使って測定してみます. スパンは中心周波数250 MHz, スパン500 MHzで校正しました.

　NanoVNAをパソコンとつなぎ, S_{11}とS_{21}をスカラー測定した結果をキャプチャしたのが**図10**です. 気になるのは, 300 MHz以上の測定において, S_{21}の測定値がノイズにまみれている点です. 300 MHzまでの基本波ミキシングだとそれなりに測定できていますが,

300 MHzを越える3倍高調波ミキシングによる測定ではダイナミック・レンジが40 dBとれているかどうかも怪しいです.

　黒いNanoVNAはフロントエンド回路がシールドされています. この差がどれくらいあるか, 同じ測定を黒いNanoVNAでも行ったのが**図11**です. 300 MHz以上でダイナミック・レンジがとれていないのは同じです. また300 MHz以上のS_{21}の特性が異なっていますが, 黒がいいというわけでもなさそうです.

● S11のベクトル測定結果

　次にS_{11}のベクトル測定を行ってみました. 言い換えればスミス・チャートでS_{11}を表示してみます. **図12**のようにサンプル点が少なすぎてスムーズにつながっていないのが気になります. サンプル・ポイントを増やす設定はできなそうでした. 測定値そのものは, 次に同じ ABF128SMA を N9916A で測定してみますので, それと比較を行います.

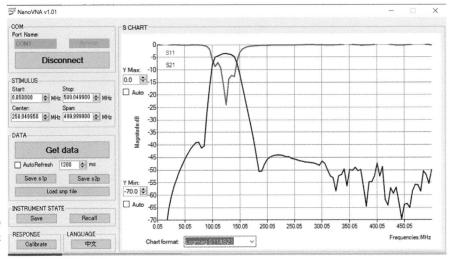

〈図10〉NanoVNA(白)によるABF128SMAのS_{11}とS_{21}測定結果(50 k〜500.05 MHz)

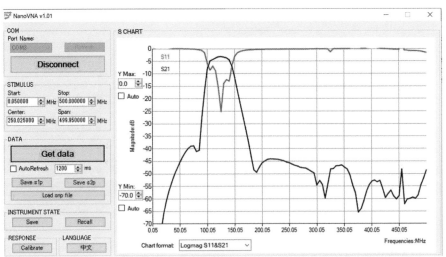

〈図11〉NanoVNA(黒)によるABF128SMAのS_{11}とS_{21}測定結果(50 k〜500.05 MHz)

■ 6.2 N9916Aによる測定

N9916Aのネットワーク・アナライザ機能を使って，ABF128SMAを測り，NanoVNAと比較してみます．もちろんN9916Aは校正有効期限内です．NanoVNAと同じく中心周波数250 MHz，スパン500 MHzに設定します．この状態で，校正キットを使いABF128SMAとの接続ケーブルの先で校正しました．

図13はN9916Aで測定したS_{11}のスミス・チャートです．NanoVNAと大体同じような測定値になっています．ただし，NanoVNAの場合はサンプル・ポイントが101点と少ないので，測定曲線が滑らかにつながっておらず，読み取り誤差が発生しそうです．

図14がS_{21}のLogMag表示です．NanoVNAでは測定できなかった300 MHz以上も，当然きれいに測定できています．300 MHz以下では，NanoVNAとほぼ同じ測定値が得られています．

７ 4ポール・ヘリカル・フィルタの特性測定

手元にあった中心周波数159.5 MHzの写真12のような4ポール・ヘリカル・フィルタの特性を測定しました．このヘリカル・フィルタは分布定数回路による共振回路なので，高次の共振がどうしても発生してしまいます．その影響がどれくらいあるかを確かめます．

まずは，N9916Aを使ってS_{21}を測定してみます．これで高次の共振がどの程度かがわかります．図15が測定した結果です．463 MHz付近に高次の共振特性が現れています．しかし，このBPFの中心周波数は159.5 MHzでその3倍は478.5 MHzです．図15の高次共振は約463.5 MHzであり，整数倍の高調波に共振しているとはいえません．参考までにVSWRを測定した結果が図16です．

次にNanoVNAで同様に測定してみます．まずは図

〈写真11〉エア・バンド受信用バンドパス・フィルタ ABF128SMA（エーオーアール）

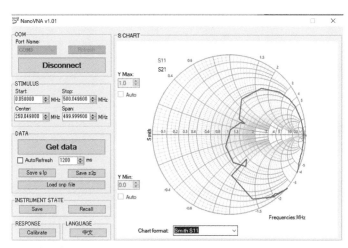

〈図12〉NanoVNA（白）によるABF128SMAのS_{11}（50 k〜500.05 MHz）

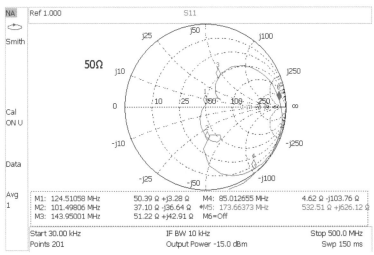

M1: 124.51058 MHz	50.39 Ω +j3.28 Ω	M4: 85.012655 MHz	4.62 Ω -j103.76 Ω
M2: 101.49806 MHz	37.10 Ω -j36.64 Ω	M5: 173.66373 MHz	532.51 Ω +j626.12 Ω
M3: 143.95001 MHz	51.22 Ω +j42.91 Ω	M6=Off	

| Start 30.00 kHz | IF BW 10 kHz | Stop 500.0 MHz |
| Points 201 | Output Power -15.0 dBm | Swp 150 ms |

〈図13〉N9916AによるABF128SMAのS_{11}測定結果（30 k〜500 MHz）

〈写真12〉4ポール・ヘリカル・フィルタ（中心周波数159.5 MHz）

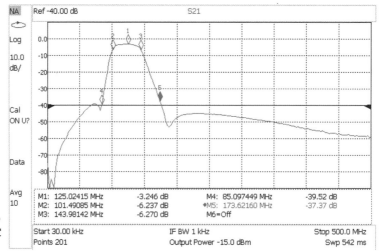

〈図14〉N9916A による
ABF128SMA の S_{21} 測定
結果 (30 k〜500 MHz)

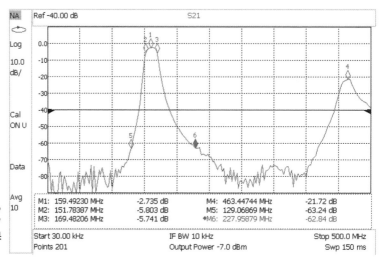

〈図15〉N9916A による
4 ポール・ヘリカル・フ
ィルタの S_{21} 測定結果
(30 k〜500 MHz)

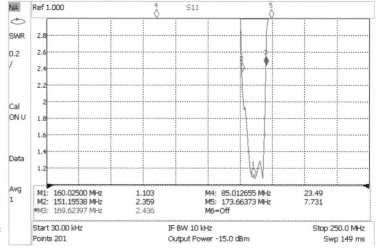

〈図16〉N9916A による
4 ポール・ヘリカル・フ
ィルタの SWR 測定結果
(30 k〜250 MHz)

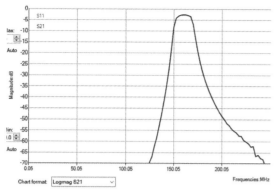

〈図17〉NanoVNA（白）による4ポール・ヘリカル・フィルタの S_{21} 測定結果（50 k〜250 MHz）

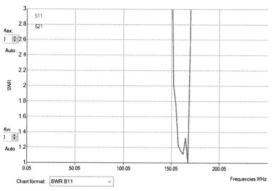

〈図18〉NanoVNA（白）による4ポール・ヘリカル・フィルタのSWR測定結果（50 k〜250 MHz）

〈写真13〉47 Ωの抵抗と 120 pF のコンデンサからなる CR 直列回路

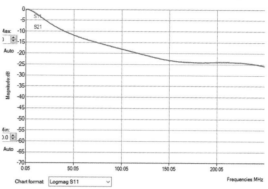

〈図19〉NanoVNA（白）による CR 直列回路の S_{11} 測定結果（50 k〜250.05 MHz）

17に S_{21} を測定した結果を示します．前述したように300 MHzを越える高い周波数は正確な測定ができないので，250 MHzまでです．次にVSWRを測定したものが図18です．N9916Aと測定した結果を比較すると，測定周波数範囲は異なりますが，ほぼ同じような結果になっています．広域の共振周波数がずれているのと，共振レベルが小さいので誤差に寄与するまでには至っていないようです．

🔳 単純な CR の特性

単純なDUTとして，47 Ωの抵抗と120 pFのコンデンサからなる CR 直列回路（写真13）の S_{11} を測定してみます．要するに素子のインピーダンス測定器として使えるかです．47 Ω は 1608 サイズのチップ抵抗，120 pF は 1608 サイズで CH 特性のチップ・セラミック・コンデンサです．

図19に NanoVNA で測定した S_{11} 特性，図20にN9916Aで測定した S_{11} の特性をそれぞれ示します．大体同じような結果が得られています．同じようにして，S_{11} をスミス・チャートで表示しました．図21がNanoVNAで測定したもの，図22がN9916Aで測定し

たものです．これまたほぼ同じ特性を示しているといえます．

これらから，NanoVNAを使って素子のインピーダンスを結構正確に測定できると感じました．

🔳 まとめ

先の写真4に示したように，黒い NanoVNA はフロントエンドにシールド・ケースが付いていますが，白いNanoVNAには付いていません．300 MHz以上の測定で少し差があるようですが，もともと300 MHz以上はダイナミック・レンジが不足しており，シールド・ケースの効果がはっきりわかる結果になっていません．まぁどちらを買っても大差はないように思います．

なお，NanoVNAを900 MHzのフルスパンで校正しようとしましたが，うまくいきませでした．900 MHzの測定はダイナミック・レンジの問題のほか，いろんな意味で使えないように感じました．ただし，入手したNanoVNAがたまたま不良だったのかもしれません．

実は最初に入手した白い NanoVNA は，タッチスクリーン機能が動作しない初期不良品でした．値段が安いこともあって，ハズレを引く覚悟も必要です．

NanoVNAは，300 MHzまでの測定でしたら，結構使える印象を持ちました．しかし高調波ミキシングを使う300 MHz以上は，ダイナミック・レンジが狭すぎて実力不足と感じます．

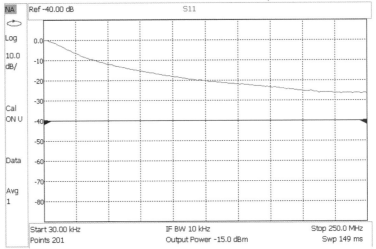

〈図20〉N9916A による CR 直列回路の S_{11} 測定結果（30 k～250 MHz）

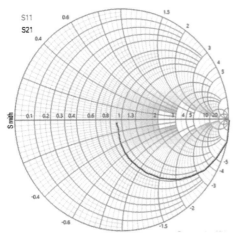

〈図21〉NanoVNA（白）による CR 直列回路の S_{11} 測定結果（50 k～250 MHz）

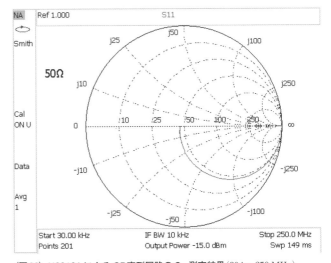

〈図22〉N9916A による CR 直列回路の S_{11} 測定結果（30 k～250 MHz）

　そもそも NanoVNA に使っている Si5351A-B は最高周波数 200 MHz のクロック・ジェネレータのところ，オーバースペックの 300 MHz で使っています．またミキサ IC の SA612A のスペックも 500 MHz までのところ 900 MHz まで使うのは，明らかに保障外です．本来は 200 MHz 以下の測定までとすべきでしょうが，今回の評価で 300 MHz まででしたら，なんとか使えるのではないかと思いました．ただし素子のばらつきもあるでしょうから保障の範囲ではないとは思います．

　そもそも何百万もする測定器と NanoVNA を単純比較するのは無理があるのです．しかし，アマチュアの測定用でしたら十分に使用に耐えると思います．何しろ 6,000 円台で，パソコンを使わずに測定ができるのは，アマチュア電子工作の趣味の人にはとてもありがたいだろうと思いました．

　前に評価した DG8SAQ の VNWA は，簡易スペアナとしても使うことができます．VNWA はローカル発振器に 200 MHz の DDS を使っていたので，それが可能でした．しかし，残念ながら NanoVNA のローカル発振器は上述したように，スプリアスだらけです．これをスペアナとして使うことはどう頑張っても不可能だろうと思います．

◆参考・引用文献◆
(1) 西村 芳一；「"VNWA2" キットの製作・試用記」，RF ワールド No.10，pp.113～119，CQ 出版㈱，2010 年 6 月．
(2) "NanoVNASaver" by Holger Müller（zarath）
https://github.com/NanoVNA-Saver/nanovna-saver/releases
(3) "NanoVNAsharp" by hugen79
https://drive.google.com/drive/folders/1IZEtx2YdqchaTO8Aa9QbhQ8g_Pr5iNhr

にしむら・よしかず　㈱エーオーアール開発部

特集

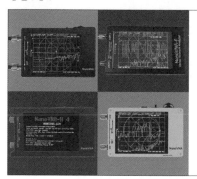

第4章　145/435 MHz帯2バンドGPのSWRを
本格的VNAやziVNAuの実測値と比較する

NanoVNAによる
2バンド・アンテナのSWR比較測定

富井　里一
Tommy Reach

■ 実験のきっかけ

　ある日，編集部からアマチュア無線用V/UHF帯2バンド・アンテナのSWRを中国製NanoVNAと本格的VNAで測り比べてほしいという連絡がありました．

　編集部のお話では，145 MHz帯/435 MHz帯の2バンドGPアンテナをNanoVNAで測定すると，145 MHz帯のSWRは1.3程度と本格的VNAの測定値1.5程度より良い値になるというのです．

　NanoVNAはロー・コスト化のためにSi5351Aというクロック・ジェネレータICを信号源に使用しています．（スペック外ながら）300 MHzまでの任意の周波数を出せて便利なICですが，出力信号が矩形波のため奇数次の高調波が多く含まれています．435 MHzは145 MHzのちょうど3倍に当たるため，NanoVNAの測定に高調波の影響が出てしまった懸念があります．

　そこでV/UHF帯2バンド・アンテナのSWRをNanoVNAと本格的VNAで測り比べてみました．

■ NanoVNAについて

　2019年春ごろから，海外通販サイトで中国製NanoVNAが7,000円を切るような価格で売られはじめ，夏ごろには欧州，オセアニア，アジアなど世界中で話題になり，米国のアマチュア無線雑誌QEXの2020年1-2月号[1]の表紙を飾り，話題をさらいました．中国製NanoVNAはいくつかの種類があるようです．**写真1**は今回使用した中国製NanoVNA-H（50 kHz〜900 MHz）です．

　オリジナルのNanoVNAは高橋知宏氏（edy555）が2016年ごろ開発されたもので，100 kHz〜300 MHzの1パス2ポート測定が可能な簡易型VNAです．その回路図やファームウェアをgithubに公開していたところ，中国のハッカー達がおもしろがって改良し，製品化して激安で発売したのが上述の中国製NanoVNAです．

　中国製NanoVNAの回路やファームウェアはオリジ

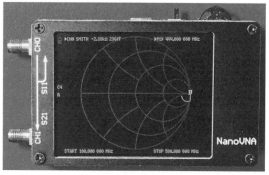

〈写真1〉アンテナのSWR測定に利用したNanoVNA（NanoVNA-H）

ナルNanoVNAをほぼ踏襲していますが，測定範囲は最大900 MHzや1.5 GHzなどに拡張されています．

　図1はNanoVNAのブロック図[2]です．前述したように発振源としてクロック・ジェネレータICを使っているため，その波形は正弦波ではなく矩形波であり，奇数次高調波がたくさん含まれています．**図2**は，NanoVNAの測定周波数を145.000 MHzに設定したときのローカル信号のスペクトラムです．奇数次の高調波は偶数次より全般的にレベルが高いことがわかります．測定には10:1の高周波プローブを利用したので，実際は表示値より20 dB高いレベルです．

■ 高調波スプリアスの考察：
0.1 MHz〜300 MHz

■ 3.1 NanoVNAの周波数とフィルタ構成

　高橋知宏氏の「NanoVNA alpha1キット組み立て説明書」[2]にIF周波数とフィルタの記載があります．
- IFは5 kHz
- ADCサンプリング周波数（f_s）= 48 kHz
- 3倍成分は5 kHzのIFから離れた15 kHzにダウン・コンバート．
- コーデックICのIIRフィルタ・ブロックで5 kHz BPF（4次ベッセル）を実施．

　これらの内容から，高調波を含む信号の流れを確認

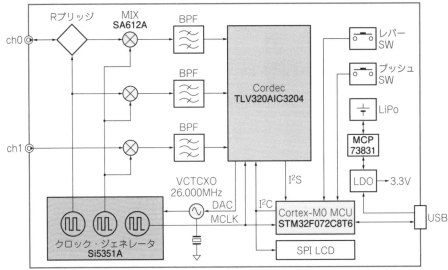

〈図1〉[2] NanoVNA のブロック図

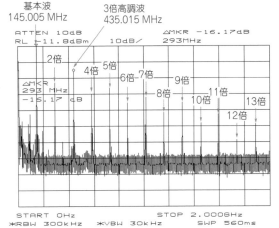

〈図2〉 測定周波数を 145.000 MHz に設定したときのローカル信号のスペクトラム（0 Hz〜2 GHz，10 dB/div.）

〈表1〉 測定周波数を 145.000 MHz に設定したときに高調波がダウン・コンバートされる周波数

高調波 （RFの倍数）	RF [MHz]	LO [MHz]	IF [kHz]
1倍（基本波）	145.000	145.005	5
2倍	290.000	290.010	10
3倍	435.000	435.015	15
4倍	580.000	580.020	20
5倍	725.000	725.025	25
6倍	870.000	870.030	30
7倍	1015.000	1015.035	35
8倍	1160.000	1160.040	40
9倍	1305.000	1305.045	45
10倍	1450.000	1450.050	50
11倍	1595.000	1595.055	55
12倍	1740.000	1740.060	60
13倍	1885.000	1885.065	65
14倍	2030.000	2030.070	70

してみたいと思います.

■ 3.2 高調波によって ダウン・コンバートされる周波数

以下は145 MHzを測定するときの例です.145.000 MHzを測定するとき，ch0ポートから測定周波数と同じ145.000 MHzが出力されます．そして，DUTで反射した145.000 MHzの信号をch0が受信します．一方，ローカル信号は145.005 MHzに設定されていて，受信した145.000 MHzはIFの5 kHzにダウン・コンバートされてADCに入力されます.

ch0ポートからは図2と同様のレベル比で各周波数成分が出力されます．2倍は290.000 MHz，3倍は435.000 MHzです．また，ローカルも同様のレベル比で各周波数成分がミキサに入力されます．これによってダウン・コンバートされる周波数のリストを表1に示します．高調波の次数に従い5 kHzの整数倍にダウン・コンバートされることがわかります.

ダウン・コンバートされてADCに入力された5 kHz，10 kHz，15 kHzの信号は，コーデックICのIIRフィルタにより5 kHz以外を減衰させるという流れになると思います.

■ 3.3 ADCでデータ化される信号

ADC独特の周波数特性を持って信号はデータ化されるので，その要素を押さえておきます.

● ベーシックなADCのデータ化

NanoVNAが搭載する$\Delta\Sigma$型 ADCのフィルタは高性能ですが，まずはADCの基本から説明します.

ベーシックなADCの例として逐次変換型ADCは，データ化される周波数特性が$\sin(x)/x$のカーブ特性になります（理想の場合）．さらに，$f_s/2$（サンプリング

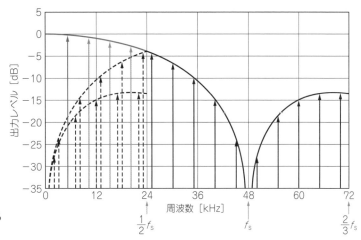

〈図3〉ADCがデータ化する
周波数特性

周波数の半分）より高い信号成分はすべて0 Hz～f_s/2の間に現れます．

　図3はNanoVNAのサンプリング周波数f_s = 48 kHzを例にADCがデータ化する特性を示します．f_s/2は24 kHzです．

・包絡線／赤色実線と黒色実線は，データ変換される周波数特性（$\sin(x)/x$のカーブ特性）
・包絡線／黒色破線はf_s/2を越えるスペクトラムがすべて0 Hz～f_s/2に現れる周波数特性.
・矢印／太い赤色実線は5 kHz（目的の信号）のスペクトラム.
・矢印／桃色実線は10 kHz，15 kHz，20 kHzのスペクトラム.
・矢印／黒色破線はf_s/2を越えるもの（25 kHz，30 kHz，35 kHz，…）が0 Hz～f_s/2に現れたスペクトラム.

　f_s/2を越えるスペクトラムが0 Hz～f_s/2に現れる規則を説明します．**図3**を紙に印刷し，f_s/2（24 kHz）のY軸を折り目にしてf_s（48 kHz）が0 Hzに重なるように折ります．さらに，f_sのY軸を折り目にして3/2f_s（72 kHz）がf_s/2に重なるように折ります．そして透かして見ると，実線矢印が破線矢印と重なり，f_s/2以上のスペクトラムが0 Hz～f_s/2に現れるようすがわかります．

　この後の信号処理で，5 kHz以外を減衰させますが，5 kHzに近くてレベルの高い信号は減衰させるのが難しくなる可能性があります．145 MHzを測定するケースでは**図2**の高調波スペクトラムになるので，3倍（15 kHz）と2倍（10 kHz）が該当すると思います．

　ここまではベーシックなADCの考察です．

● **NanoVNAのADCは$\Delta\Sigma$型**

　一般的に$\Delta\Sigma$型ADCは，オーバーサンプリング周波数（f_{OS}）とデシメーション・フィルタによって，f_s/2

から$f_{OS}-f_s$/2の信号はすべて減衰します．NanoVNAに搭載されたADCのオーバーサンプリング率は最低32なので，f_{OS}は少なくとも1.536 MHz（48 kHzの32倍）です．そのため，この方式に従えば24 kHzを越える信号は減衰されて測定値に影響する心配はありません．

● **ADCで検出されるスプリアスの整理**

　145.000 MHzを測定するとき，一応気にしておく周波数としては，その2倍（290.000 MHz）と3倍（435.000 MHz）です．今回の2バンド・アンテナ測定の対象になる435 MHz帯が含まれます．

　これらを減衰させるのはディジタル化データの信号処理ルーチンだと思います．

---

❹ 435 MHzにおける NanoVNAの周波数構成

　NanoVNAでは，クロック・ジェネレータICの高調波が多く含まれる欠点を逆手にとって，900 MHzやそれを越える周波数の測定を可能にしています．どのような周波数構成になっているのかを435 MHzを測定する条件で調べてみます．

　435.000 MHzを測定するとき，ch0に出力される基本波は145.000 MHzです．一方，ミキサのローカルに入力される基本波は87.001 MHzです．145.000 MHzの3倍と87.001 MHzの5倍を利用して，測定周波数435.000 MHzを5 kHzのIFにダウン・コンバートしています．

　これらの高調波の組み合わせからダウン・コンバートされる周波数を**表2**にまとめます．灰色の部分は，ダウン・コンバートされる周波数がオーディオ帯域外となる組み合わせなのでADCのレンジ外を表します．IFの5 kHzに近い周波数は，435 MHzの2倍が10 kHzに，3倍が15 kHzに現れます．

　以上のことから，435 MHz帯を測定するとき高調波

〈表2〉 測定周波数を435.000 MHzに設定したときに高調波がダウン・コンバートされる周波数

RF 高調波の倍数	RF [MHz]	LO 高調波の倍数	LO [MHz]	IF [kHz]
1倍(基本波)	145	1倍(基本波)	87.001	
		2倍	174.002	
2倍	290	3倍	261.003	
		4倍	348.004	
3倍	435	5倍	435.005	5
4倍	580	6倍	522.006	
		7倍	609.007	
5倍	725	8倍	696.008	
		9倍	783.009	
6倍	870	10倍	870.010	10
7倍	1015	11倍	957.011	
		12倍	1044.012	
8倍	1160	13倍	1131.013	
		14倍	1218.014	
9倍	1305	15倍	1305.015	15
10倍	1450	16倍	1392.016	
		17倍	1479.017	
11倍	1595	18倍	1566.018	
		19倍	1653.019	
12倍	1740	20倍	1740.020	20
10倍	1450	21倍	1392.016	
		22倍	1479.017	
11倍	1595	23倍	1566.018	
		24倍	1653.019	

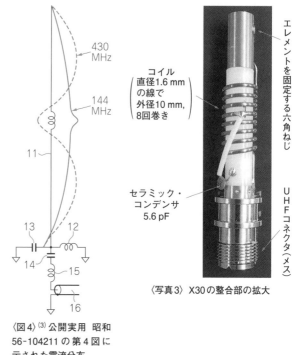

〈図4〉[3] 公開実用 昭和56-104211 の第4図に示された電流分布

〈写真3〉 X30の整合部の拡大

として気にしておく周波数は，145 MHzの測定と同様に測定周波数の2倍と3倍になると思います．

5 V/UHF帯2バンド・アンテナ X30の概要

5.1 X30の仕様

被測定物であるV/UHF帯2バンド・アンテナは，第一電波工業のX30です．これは基地局用の無指向性グラウンド・プレーン・アンテナです．エレメント部はグラス・ファイバに覆われていて内部を見ることがで

きませんが，メーカの取り扱い説明書[4]によれば以下の仕様です．
- 全長1.3 m
- 144 MHz帯：$1/2\lambda$，利得3.0 dBi
- 430 MHz帯：$5/8\lambda \times 2$段，利得5.5 dBi

5.2 X30の分解

測定対象のV/UHF帯2バンド・アンテナは，実用新案(公開情報)[3] と同じ構成かもしれないという話を事前に編集部からいただきました．図4はその実用新案に記載された電流分布と整合回路です．

X30はこの実用新案と同じなのか，それとも別の構成なのか気になるので中身を取り出してみました．それが写真2です．中身のエレメントが短いことは意外です．アンテナの根本にある整合部(写真3)は，コイ

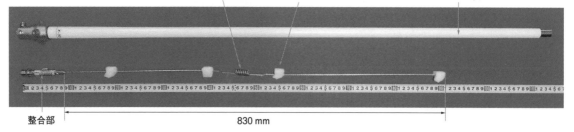

〈写真2〉 X30のグラス・ファイバ製カバーから取り出したエレメント部と整合部

ルとコンデンサで構成されています．等価回路で表す
と図5になります．等価回路は図4と多少違うところ
がありますが，どちらも同じインピーダンスに整合で
きそうな回路構成です．

■ 5.3 エレメントの電流分布を
###　　　　　　　　シミュレーション

　X30も実用新案と同じ電流分布（図4）になるかをシ
ミュレーションで確認します．シミュレータは3D電
磁界シミュレータのEMPro-FEM（キーサイト・テク
ノロジー社）を使用します．

　整合部のコイルや金属によるシールド構造も含めて
形状を入力しようとしたのですが，見たところ複雑な
形状のため途中で挫折する予感がしたので，円錐のグ
ラウンドにエレメントを配置したシンプルな構造でシ
ミュレーションしました．

　図6はシミュレータに入力した形状です．グラウン
ドを円錐の形状にした理由は，1/2λで動作するVHF
帯の給電部はインピーダンスが高くグラウンドに近い
ため，グラウンドから少しでも遠ざけようと考えたか
らです．

　シミュレーションしたエレメントの電流分布を図7
に示します．145 MHzはエレメントの両端（先端と
Port1）は電流が少なく，中央のコイル付近は電流が多
いことがわかります．435 MHzは，エレメントの両端
と中央のコイル寄りに狭い範囲ですが，電流が少ない
ことがわかります．これは図4と同様の電流分布です
から，X30は実用新案のエレメントと同じ振る舞いを
していることに結び付きます．これで少しスッキリし
ました．

　図8は，シミュレーションしたエレメントのインピ
ーダンスをスミス・チャート上に示したものです．
145 MHzと435 MHzは，どちらもスミス・チャートの
右側にありインピーダンスは高いことがわかります．

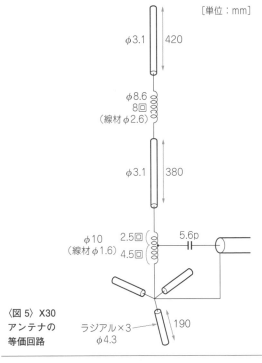

〈図5〉X30
アンテナの
等価回路

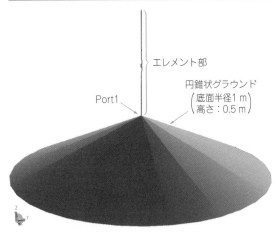

〈図6〉シミュレータに入力した形状

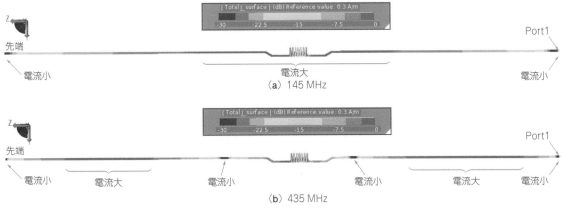

（a）145 MHz

（b）435 MHz

〈図7〉エレメントの電流分布シミュレーション結果

■ 5.4 50 Ωにマッチングするか確認

　エレメント単体では高いインピーダンスですが，整合部を接続することで50 Ωにマッチングするはずです．これも追加的にシミュレーションで確認してみます．やり方は，エレメントの電流分布をシミュレーションしたSパラメータと，整合部のSパラメータを回路シミュレータ上で連結します．回路シミュレータはフリーソフトの"QucsStudio"[5]です．

● 整合部のSパラメータはVNAで測定

　今回は実物があるので，整合部のSパラメータはVNAで測定します．そのようすを写真4に示します．整合部の先端(エレメントが取り付く部分)にSMAコネクタを取り付けて2ポートのSパラメータ(S_{11}, S_{21}, S_{12}, S_{22})を測ります．図9は測定の接続図です．

● エレメント部と整合部を連結したシミュレーション

　図10はシミュレーションする回路図です．X30アンテナのUHFコネクタのところにポート1を配置します．そして，整合部のSパラメータとエレメント部のSパラメータをカスケード接続します．

　SWRのシミュレーション結果を図11に示します．エレメントに整合部を接続することで142 MHzと419 MHzのところでSWRが下がります．狙う145 MHzや435 MHzからずれていますが，整合部は50 Ωにマッチングする機能として動作していることが確認できました．

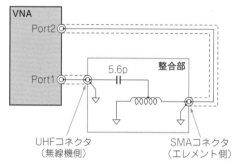

〈図9〉整合部のSパラメータを測定するための接続

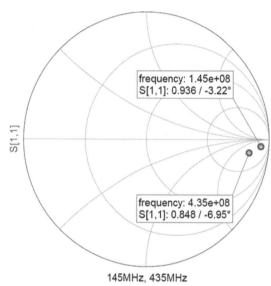

frequency: 1.45e+08
S[1,1]: 0.936 / -3.22°

frequency: 4.35e+08
S[1,1]: 0.848 / -6.95°

145MHz, 435MHz

〈図8〉エレメントのインピーダンス・シミュレーション結果

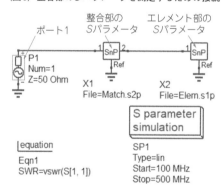

〈図10〉エレメント部と整合部を連結したシミュレーション回路

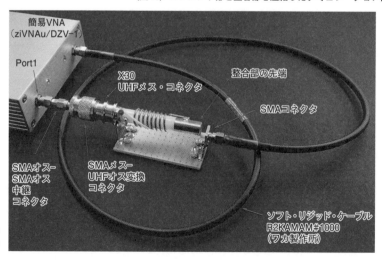

〈写真4〉整合部のSパラメータを測定するようす

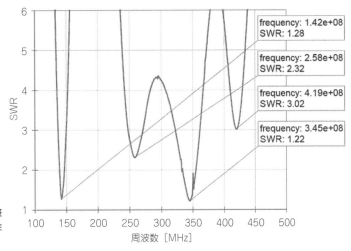

frequency: 1.42e+08
SWR: 1.28

frequency: 2.58e+08
SWR: 2.32

frequency: 4.19e+08
SWR: 3.02

frequency: 3.45e+08
SWR: 1.22

〈図11〉エレメント部と整合部を連結したSWR特性のシミュレーション結果

6 SWR測り比べに影響しないように

　今回の測り比べは集合住宅のベランダで行いました．**写真5**はそのアンテナと測定器の配置を示すものです．天井が低いので，X30アンテナは少し斜めにベランダから突き出した取り付けです．それでもアンテナが鉄筋コンクリートに近いので，周波数ずれやインピーダンスの変化はあると思いますが，測定器の測り比べへの影響は少ないと考え，少々強引ですがこのような環境で測定します．

■ 6.1 コモン・モード・フィルタ

● コモン・モード電流対策

　この設置条件では，測定中に同軸ケーブルを手で握るとスミス・チャート上の特性が変化してしまいました．VHF/UHF両方です．コモン・モード電流が同軸ケーブルのシールド線側に流れていて，シールド線がアンテナの一部になっているようです．この状態では測定器の筐体サイズでSWRが変化してしまいます．少々強引な設置環境の副作用かもしれません．

　そこでアンテナ給電部に近い位置にコモン・モード・フィルタを挿入して，同軸ケーブルがアンテナにならないようにします．フィルタは市販製品が見つからなかったので自作します．

　写真6と**写真7**は自作コモン・モード・フィルタの外観です．VHF帯はフェライト・コア（GTR-28-16-13，北川工業）に50Ωの同軸ケーブル（RG-174/U）をW1JR巻きにします．また，UHF帯はフェライト・コア（SCN-11-5-20，竹内工業）8個をセミリジッド・ケーブル（0.141インチ）に通したものをコモン・モード・フィルタとします．

● 自作コモン・モード・フィルタの性能チェック

　フィルタとしての性能は，シールド線側を通るS_{21}

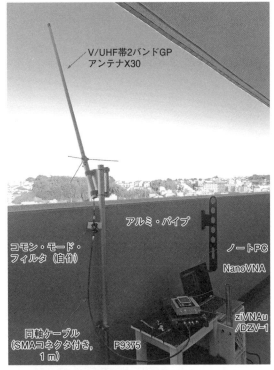

V/UHF帯2バンドGP
アンテナX30

アルミ・パイプ

コモン・モード・
フィルタ（自作）

ノートPC

NanoVNA

ziVNAu
/DZV-1

同軸ケーブル
（SMAコネクタ付き，
1 m）

P9375

〈写真5〉SWRを測り比べるためのセットアップ

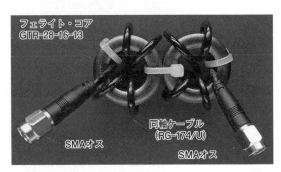

フェライト・コア
GTR-28-16-13

SMAオス

同軸ケーブル
（RG-174/U）

SMAオス

〈写真6〉自作したVHF帯コモン・モード・フィルタの外観

〈写真7〉 自作したUHF帯コモン・モード・フィルタの外観

SMAメス　フェライト・コア（SCN-11-5-20）　SMAオス

特性を減衰量として評価します．図12はその接続図です．同軸ケーブルの中心導体は接続しないで，シールド線をそれぞれVNAのPort1とPort2に接続します．写真8は測定のようすです．透明アクリル板をベースにした治具のところで，VNAから来るPort1とPort2の中心導体をDUTのシールド線側にそれぞれ配線しています．

測定結果を図13に示します．VHF帯フィルタは赤色で，−23.3 dB@145 MHzの減衰量です．UHF帯フィルタ（黒色）で−18.1 dB@435 MHzです．

経験的には−30 dBまで減衰すると測定への影響は出ないようですが，この減衰量は少々不足です．足りない分は，測定器を変えても同軸ケーブルの引き回しが変わらないようにして測定結果に響かないようにします．

■ 6.2 アンテナを樹脂製サドル・バンドで絶縁して固定するも効果は今一つ

少し傾けたアンテナをアルミ板に取り付けてから長さ1.5 mのアルミ・パイプに固定する構造ですが，測定中にアルミ・パイプを手で握るとSWRが少し変化します．アルミ・パイプにもコモン・モード電流が流れているようなので，アンテナを固定する部分を樹脂製サドル・バンドに交換しました．写真9にその固定部分を示します．これでアンテナのグラウンドとアル

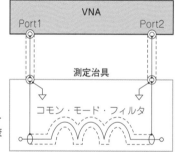

〈図12〉 コモン・モード・フィルタの減衰特性を測定する接続

VNA

Port1　Port2

測定治具

コモン・モード・フィルタ

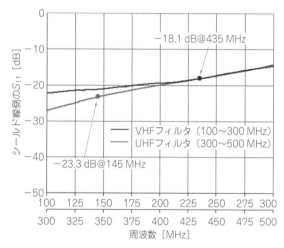

〈図13〉 コモン・モード・フィルタの減衰特性

−18.1 dB@435 MHz

シールド線側の S_{11} [dB]

VHFフィルタ（100〜300 MHz）
UHFフィルタ（300〜500 MHz）

−23.3 dB@145 MHz

周波数 [MHz]

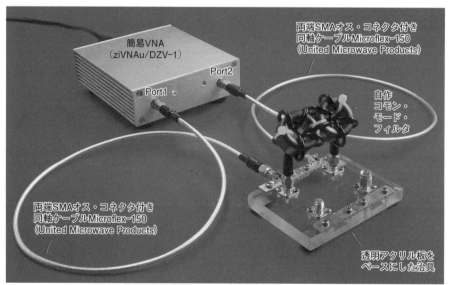

〈写真8〉 コモン・モード・フィルタの減衰量を測定するためのセットアップ

簡易VNA（ziVNAu/DZV-1）

両端SMAオス・コネクタ付き同軸ケーブルMicroflex-150（United Microwave Products）

自作コモン・モード・フィルタ

Port1　Port2

両端SMAオス・コネクタ付き同軸ケーブルMicroflex-150（United Microwave Products）

透明アクリル板をベースにした治具

ミ・パイプはDC的には絶縁状態です．しかし，わずかな改善に留まりました．

7 SWR測定

■ 7.1 測定条件

SWRの測り比べをする対象の測定器は，本格的VNAであるP9375A(キーサイト・テクノロジー)，簡易VNAのNanoVNA，そしてziVNAu/DZV-1(RFワールドNo.35参照)です．

ziVNAuは，信号源にDDS(ダイレクト・ディジタル・シンセサイザ)ICを使用した簡易型のVNAです．出力信号の高調波レベルは低いですが，代わりに出力周波数のイメージとそのエイリアスによるスプリアスが発生します．タイプの違う簡易型VNAとして測り比べに加えることにします．

VHFの測定周波数は，145 MHzを含む142 MHz～149 MHzです．またUHFは435 MHzを含む420 MHz～450 MHzです．

VNAの校正基準面は，アンテナのUHFコネクタのところにしたいのですが，アンテナを取り付けてしまうとUHFコネクタに手が届きません．そのため，アン

〈写真9〉アンテナの固定方法とコモン・モード・フィルタの挿入位置

〈表3〉VNAの設定条件など

種類	型名(仕様範囲)	メーカ	測定条件	校正	備考
本格的VNA	P9375A (300 kHz～26.5 GHz)	キーサイト・テクノロジー	201ポイント アベレージング：16	Open, Short, Load	
簡易VNA	NanoVNA-H (50 kHz～900 MHz)	各社	101ポイント		ファームウェア：Ver. 0.7.1 PCソフト NanoVNA.exe (Ver. 1.01)を利用して測定データを吸い上げる
	ziVNAu/DZV-1 (100 kHz～500 MHz)	DSテクノロジー	201ポイント アベレージング：16		PCアプリ Ver. 19.4.24.0

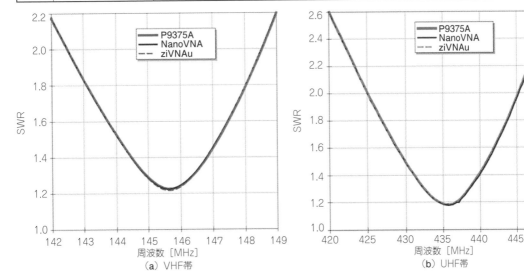

〈図14〉3種類のVNAでSWRを測り比べた結果

テナのUHFコネクタから30 cmの同軸ケーブルでアンテナの外側に引き出し，そこを校正基準面にします．写真9に校正基準面の位置を示してあります．

VNAは，校正基準面のところでOpen/Short/Loadの各標準器を順次接続して校正し，ポート・エクステンションやディエンベデッド機能は使わないでシンプルにします．そのため，スミス・チャート上の測定結果は，30 cmの同軸ケーブルの分だけ位相が回った状態になりますが，VNAの測定条件は同じですから測り比べに影響はありません．

写真9はVHF帯コモン・モード・フィルタが接続されていますが，UHFではUHF帯コモン・モード・フィルタに交換します．

そのほかの設定条件や，使用するアプリケーション

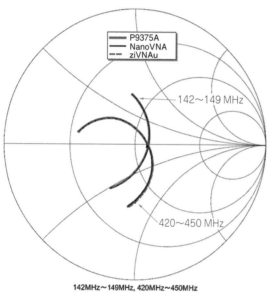

〈図15〉3種類のVNAで給電点インピーダンスを測り比べた結果

142MHz～149MHz, 420MHz～450MHz

やファームウェアのバージョンは**表3**を参照ください．

■ 7.2 結果：本格的VNAと簡易VNAのSWRは一致

図14がSWR測定結果です．また，**図15**はVHF帯／UHF帯 両方の測定値をスミス・チャートに示したグラフです．また，赤実線は基準となる本格的VNA（P9375A），黒実線はNanoVNA，灰破線はziVNAuのカーブ特性です．

どのグラフを見ても三つのVNAで測定した特性は一致しています．145 MHz帯のSWR測定値がNanoVNAだけ良い値になることはありませんでした．

■ 7.3 追加測定

参考までにX30アンテナを100 MHz～500 MHzの広範囲で測定したSWR特性を**図16**に示しておきます．コモン・モード・フィルタを取り付けずにP9375Aで測定しました．V/UHF帯の両方をカバーするコモン・モード・フィルタが手持ちにないためです．

この測定でX30アンテナは260 MHzと366 MHzもSWRが下がることがわかります．300 MHz帯も受信可能という記述がX30の取り扱い説明書[4]にあるので，これに結び付く特性と思われます．

🞕 おわりに

今回のミッションはSWR値で1.5と1.3の違いがあるかを測定することでした．しかし，SWR計では大きな差ではないので，むしろ測定値が安定するか，昨日測定した値が再現できるかといったような，私の測定

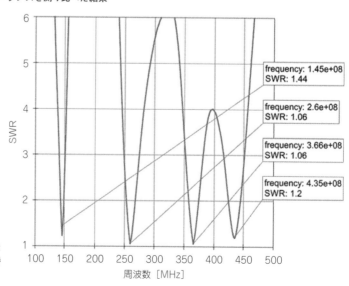

〈図16〉P9375Aで測ったX30アンテナのSWR特性（100～500 MHz）

frequency: 1.45e+08
SWR: 1.44

frequency: 2.6e+08
SWR: 1.06

frequency: 3.66e+08
SWR: 1.06

frequency: 4.35e+08
SWR: 1.2

周波数 [MHz]

■ セミリジッド・ケーブルを軽くて柔らかくした同軸ケーブル「ソフト・リジッド・ケーブル」

写真4のSMAオス・コネクタ付き同軸ケーブルは，VNAの測定（～6 GHz）で私はよく利用します．その特徴は次の通りです：

● セミリジッド・ケーブルを柔らかくした感じ

このケーブルはセミリジッド・ケーブルと同様に曲げるとその形状を維持します．そして，柔らかいので曲げやすく戻しやすいのです．セミリジッド・ケーブルは曲げて戻すことを繰り返すうちに折れてしまいますが，このケーブルは，1年間VNAの測定で，曲げたり戻したりを繰り返していますが折れていません．

● 曲げても位相変化がわずか

VNAの校正とDUTの測定では，ケーブルの曲がり具合が変わることはよくあると思います．このような状況でもVNAの測定値に影響が出た経験はありません．

● 軽い：SMAオス・コネクタ付き，長さ1mで44g

プリント基板の細い銅箔パターンから細くて短い

同軸をはんだ付けして，途中から通常のケーブルに中継すると，ケーブルの重みで銅箔パターンが剥がれたことはありませんか？このケーブルは軽いので，銅箔パターンに無理な力が加わりにくいです．

ただし，シース（外皮）は熱収縮チューブで覆っただけなので，ケーブル保護はほかより劣ります．

とにかく持ったときの軽さに驚きます．

スペックは下記を参照ください．なお，**写真4**のシースは黒色ですが，部材の在庫の関係だそうです．本来は水色です．

◆参考文献◆

(1) ㈱ワカ製作所；「ソフトリジッドケーブル」
　https://www.waka.co.jp/product/cable_detail.php?id=49

とみい・りいち　祖師谷ハム・エンジニアリング

技術が問われそうでドキドキものでした．しかし，終わってみればスッキリする結果になり，ホッとした次第です．

SWR測定にたどり着くまでにあちこち寄り道をしてしまいましたが，読者の皆様が簡易VNAを利活用するうえで参考になれば幸いに思います．

◆参考・引用＊文献◆

(1) QEX 2020年1-2月号の表紙と目次；
　http://www.arrl.org/files/file/QEX_Next_Issue/Jan-Feb2020/Jan % 20Feb % 20TOFC.pdf
(2) ＊高橋知宏；「NanoVNA alpha1 キット組み立て説明書」，pp.1～2．2017/1/15版 v0.2

https://www.dropbox.com/s/0t1ms1y0uyaa90s/NanoVNA-a1-20170115.pdf?dl＝1
(3) ＊実用新案登録願，公開実用 昭和56-104211；「2波共用アンテナ用整合回路」，p.8，第一電波工業㈱.
　https://www.j-platpat.inpit.go.jp/c1800/PU/JP-S56-104211/A19A52A5695E98F35796844997CA5364C1D9C79AE756B7D7E1698773C4BBF085/23/ja
(4) ＊X30取り扱い説明書；第一電波工業㈱.
　http://www.diamond-ant.co.jp/pdf/x/x30.pdf
(5) 回路シミュレータ"QucsStudio"；
　http://dd6um.darc.de/QucsStudio/qucsstudio.html

とみい・りいち　祖師谷ハム・エンジニアリング

特設記事

GRC用ブロックの制作, LF帯AM変調, 450 kHz帯
FM復調, 125 kHz帯非接触ICカード・エミュレータ

多機能計測器"Analog Discovery 2"を
GNU Radioで使う

野村 秀明
Hideaki Nomura

❶ Analog Discovery 2とは

Digilent社のAnalog Discovery 2(写真1)はさまざまな機能を持った多機能計測器で, 1台でアナログ・ディジタル信号計測/信号可視化/信号発生/記録などが可能です.

主な機能は次の通りです.

• 2 chオシロスコープ
14ビット分解能, 100 Mサンプル/秒, 30 MHz帯域幅
• 2 ch任意波形発生器
±5 V, 14ビット, 100 Mサンプル/秒, 20 MHz帯域幅
• 16 chロジック・アナライザ
3.3 V-CMOSレベル, 100 Mサンプル/秒
• 16 chパターン・ジェネレータ
3.3 V-CMOSレベル, 100 Mサンプル/秒
• 2出力プログラマブル電源
±5 V, 外部電源使用時最大700 mAまたは2.1 W

トランジスタ技術2018年2月号および別冊付録マニュアルに詳しい解説があります. 秋月電子通商で取り

扱っており, 価格は45,000円(税込み)です.

❷ GRC用アナログ入出力ブロックの制作

Analog Discovery 2のアナログ入出力をGRC(GNU Radio Companion)から扱えれば, kHz帯のトランシーバを作れそうです. しかし, 残念ながらAnalog Discovery 2向けのGRCブロックは開発元からは提供されておらず, フォーラムを読む限りでは有志のブロック開発も頓挫しているようでしたので, 自分で作ることにしました.

■ 2.1 Analog Discovery 2を
Pythonから扱う方法①

PythonからAnalog Discovery 2を制御するサンプル・コードは, 開発元のDigilent社から提供されています.

Analog Discovery 2純正の測定ソフトウェアであるWaveforms(無償)をインストールすると, Linux環境では,
`/usr/share/digilent/waveforms/sample/`
Windows(64ビット)環境では,
`C:\Program Files (x86)\Digilent\WaveFormsSDK\samples\`
にAPIのリファレンス・マニュアルと各種機能を扱うサンプル・コード一式が作成されます. Pythonのサンプルは上記の"py"フォルダにあるので, これをGRC向けにアレンジしました.

■ 2.2 アナログ出力ブロックについて

サンプルの中にアナログ出力を扱うものはいくつかありますが, 元にしたのはAnalogOut_Play.pyというプログラムで, 機能はwavファイルを開いてAnalog Discovery 2から出力するものです.

似たような機能のサンプル・プログラムでAnalogOut_Custom.pyというものもありますが, こちらはバッファ更新時に波形が不連続になってしまうため, 今回の用途には使用できませんでした.

〈写真1〉 Analog Discovery 2(Digilent社)

関連ファイルのダウンロードはこちらから:
https://www.rf-world.jp/go/5202/

GRCでのアナログ出力ブロックの名前は"AD2AnalogOut Play Sink"としました.

■ 2.3 Analog Discovery 2を Pythonから扱う方法②

Analog Discovery 2をPythonから扱うには，純正のサンプル・コード以外にも，"PyPI‐dwf"というMURAMATSU Atsushiさんが開発されたラッパー(プログラムを異なる手段で容易に扱えるようにしたもの)を使用する方法もあります.

https://pypi.org/project/dwf/

https://github.com/amuramatsu/dwf

純正のコードよりも少し簡単に扱うことができるので，入力側はこちらを使いました.

PyPI‐dwfはpipコマンドで簡単にインストールできます.

```
$ pip install dwf ⏎
```

インストールに成功すると，Exampleフォルダにサンプル・コードが作成されます.

■ 2.4 アナログ入力ブロックについて

入力も出力ブロックと同じ作戦で，サンプル・コードをGRC向けにアレンジしました.元にしたのはAnalogIn_Record.pyです.

似たような機能のサンプル・コードでAnalogIn_Shift.pyというものもありますが，こちらは波形取得時にバッファの有効サイズが更新されないようでした.そのため，読み取ったサンプルを結合した際に波形が不連続になってしまうので，今回の用途には使用できませんでした.

GRCでのアナログ入力ブロックの名前は"AD2AnalogIn Record Source"としました.

■ 2.5 GRCブロックの制作

サンプル・プログラムからの変更点は入出力ともに共通で，以下の通りです.

- ファイル操作とプロット関連をバッサリ削除.
- ハードウェア設定をinit関数に置き，サンプリング周期やブロック内で使用するバッファ・サイズなどはGUIから設定できるように引数を追加.
- 割り込み周期の揺らぎを吸収するためのFIFOを構成.
- 停止するまで時間無制限で動作させるように設定.
- stop関数にデバイスの開放処理を追加.

Analog Discovery 2は内部バッファの割り当てを図1の中から選択可能です.アナログ出力利用時はWavegenの割り当てを増やしたいので"3"を，アナログ入力利用時はScopeの割り当てを増やしたいので"2"をオープン時にそれぞれ指定します.なお，API側のインデックスはゼロ始まりなので，実際はそれぞれ1を引いた値を入力しています.

ブロックのソース・コードはすべてgithub(下記)に公開しています.

https://github.com/7m4mon/gr-ad2

インストール方法は他のブロックと同様で，それぞれのブロックのフォルダに移動した後,

```
$ mkdir build ⏎
$ cd build ⏎
$ cmake ../ ⏎
$ sudo make install ⏎
```

とターミナルから入力します.

インストールに成功すると図2のようにGRC内の"Analog Discovery 2"グループにブロックが追加されているはずです.

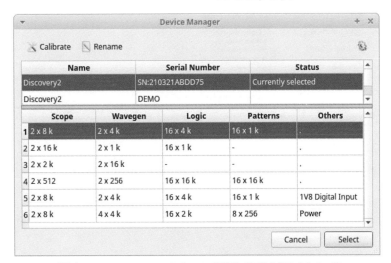

〈図1〉Analog Discovery 2のバッファ割り当て可能な組み合わせ一覧

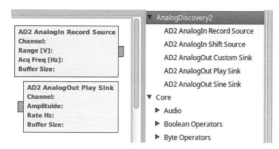

〈図2〉 Analog Discovery 2のブロックが追加された

■ 2.6 使用上の注意点

実行終了時に開放処理を行わないと次回実行時に "Devices are busy, used by other applications" とエラー・メッセージが出力され，GRCを終了するまでは Analog Discovery 2を利用できなくなります．そのため，stop関数が呼ばれるよう，**図3**に示すようにGRC の×ボタンで中止するのではなく，TopBlockを閉じて終了する必要があります．

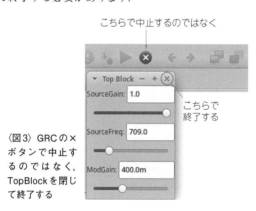

こちらで中止するのではなく

こちらで
終了する

〈図3〉GRCの×
ボタンで中止す
るのではなく，
TopBlockを閉じ
て終了する

ブロックの作成については，参考文献(1)や(2)に記載がありますので，あわせてご参照ください．

❸ LF帯AM変調器を作ってみる

■ 3.1 概要

前節で制作した "AD2AnalogOut Play Sink" を使用してLF帯のAM変調器を制作します．

AM変調信号は**図4**に示すように，キャリヤ(搬送波)にDCオフセットしたベースバンド信号を乗算することで得られます．

これをGRCのフローグラフに忠実に実装したものが**図5**です．キャリヤ周波数を40 kHzとし，500 Hzの正弦波で50 %変調をかけたAM信号を Analog Discovery 2から出力し，オシロスコープで観測した画面を**図6**，実験中のようすを**写真2**にそれぞれ示します．

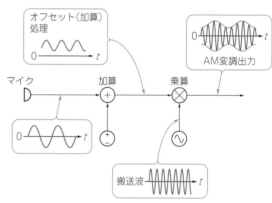

〈図4〉AM変調波の生成方法

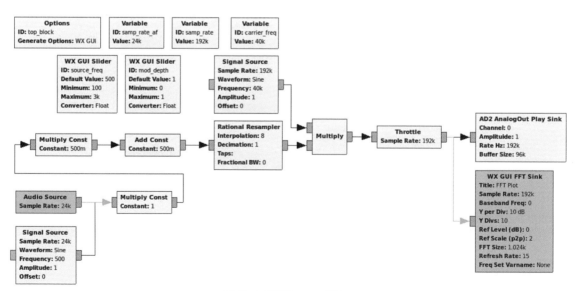

〈図5〉AM変調のフローグラフ

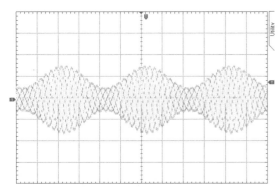

〈図6〉図5によって生成したAM変調波形(500 μs/div., 500 mV/div.)

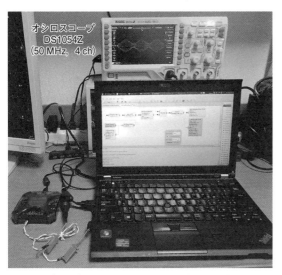

〈写真2〉AnalogOut_Play が動作中のようす

■ 3.2 フローグラフの説明

このフローグラフのポイントは，ベースバンド信号の振幅がキャリヤと乗算する際に，0～1の範囲に収まっていることです．範囲を越えてしまうと正しいAM変調波形になりません．GRC の"Signal Source"ブロックの Amplitude はゼロ・ツゥ・ピーク表記なので"1.0"を設定すると－1.0～＋1.0の範囲の信号となります．つまり，ピーク・ツゥ・ピークでは2.0の振幅があります．搬送波との乗算の際はベースバンド信号を0.0～1.0の範囲にしたいので，後段の"Multiply Const"ブロックで0.5倍した後に"Add Const"ブロックで0.5をオフセットします．"Audio Source"(マイク入力)ブロックの出力は－1.0～＋1.0の範囲なので，そのまま"Signal Source"ブロックと置き換え可能です．変調度はGUIで実行中に変更できるようにしました．

オフセットされた信号は"Rational Resampler"ブロックでアップサンプリングし，キャリヤのサンプリング・レートと合わせます．ベースバンドの信号のサンプリング・レートを24 kHz，Analog Discovery 2の出

〈図7〉Rational Resampler の設定

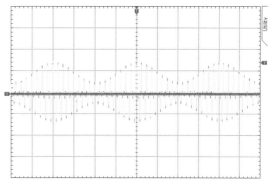

〈図8〉Interpolating FIR Filter ブロック使用時の出力波形(500 μs/div., 500 mV/div.)

力レートを192 kHz とした場合は，Interpolation に192 k÷24 k＝8を入力します．サンプリング・レートを変更する度にこの値を入力し直すのは手間ですし，変更を忘れがちなので"Variable"ブロックで"samp_rate"と"samp_rate_af"を定義しておき"Interpolation"には図7に示すように"samp_rate/samp_rate_af"と入力しています．ちなみに似たような機能のブロックで"Interpolating FIR Filter"というブロックもありますが，こちらはホールドではなくゼロ挿入なので，出力信号が図8のような波形になってしまいます．したがって，ここでは"Rational Resampler"を使用するのが正解です．

次段の"Multiply"ブロックで搬送波と掛け合わされAM変調波となります．

乗算器で生成されたAM信号は"Throttle"ブロックに入力されます．このブロックは，Analog Discovery 2へデータを書き込む周期を「サンプリング・レート÷バッファ・サイズ」に制限しています．そのため，図9に示すように"Throttle"ブロック内，Advancedタブの"max_output_buffer"は Analog Discovery 2の内部バッファのサイズ以下にしないとデータが破損してしまい，正しい波形になりません．

ベースバンド入力を Analog Source(マイク入力)，搬送波の周波数を40 kHzとし，T40-16(日本セラミック)という40 kHzに共振点を持つ超音波振動子に接続

〈図9〉Throttle ブロックの最大出力サイズの設定

〈写真3〉超音波振動子に接続して実験中のようす

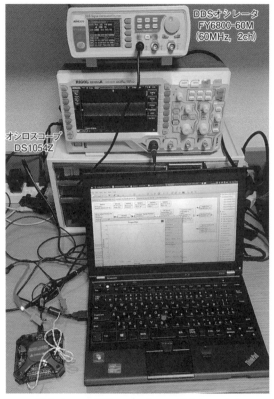

〈写真4〉FM復調器フローグラフが動作中のようす

してみたところ，マイクへ入力した音声が小さいながらも聞こえました．超音波を利用した機器に応用できそうです．**写真3**はそのようすです．

◢ 450 kHzのFM復調器を作る

■ 4.1 概要

前節で制作した"AD2AnalogOut Record Source"を使用して450 kHzのFM復調器を制作します．制作したフローグラフを**図10**に，動作のようすを**写真4**に示します．

このフローグラフは，**図11**に示すような伝統的な

ダブル・スーパーヘテロダインFM受信機の第2中間周波数信号を取り込むことを想定しています．

■ 4.2 アンダーサンプリング手法

450 kHzの信号を取り込むには，その2倍のサンプリング周波数が必要と考えがちですが，狭帯域FM無線システムで実際に必要な帯域は数十kHz程度です．450 kHzもの帯域を取り込んで処理を行うのはリソースの無駄なので，アンダーサンプリングという手法を使います．

アンダーサンプリングとはエイリアシングを利用して，ナイキスト周波数以上の信号を低いサンプリング

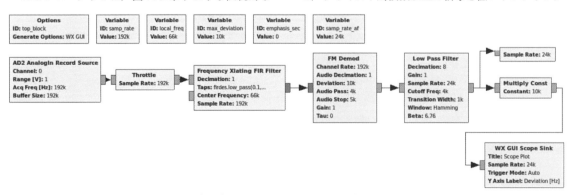

〈図10〉450 kHzのFM復調器フローグラフ

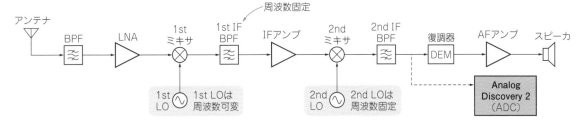

〈図11〉ダブル・スーパーヘテロダイン受信機の構成

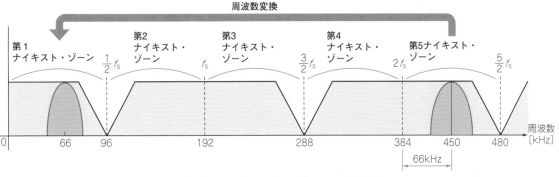

〈図12〉アンダーサンプリングによる周波数変換

周波数で取り込むと同時に，周波数変換を行う手法です．このフローグラフは192kHzで信号を取り込みますので，450kHzは**図12**に示すように第5ナイキスト・ゾーンに属します．

アンダーサンプリングが可能になる条件は下記のとおりです．

● **ADCの入力帯域幅が信号の周波数以上であること**

ADCの入力帯域幅が狭いと，そもそも信号を取り込めないので，入力は目的信号の周波数をカバーできる帯域が必要です．Analog Discovery 2のアナログ入力の帯域幅は30MHzなので，十分に条件を満たしています．

なお，世の中には192kHzで取り込めるUSB接続のADCは数多く出回っていますが，ほぼすべて入力帯域幅が100kHz以下のオーディオ用なので，450kHzのIF信号をアンダーサンプリングして取り込む用途には使えません．

● **$f_s/2$（ナイキスト周波数）の整数倍に信号帯域がかからないこと**

$f_s/2$の整数倍に信号帯域がかかると，エイリアシングによって信号に折り返し成分が重畳されて復調できなくなります．そのため，サンプリング周波数は入力信号の周波数と帯域に注意して選定する必要があります．

● **目的以外の信号がフィルタなどで十分に減衰されていること**

目的のナイキスト・ゾーン以外に不要な信号が存在し，ADCに同時に取り込まれてしまうと，後段の信号

〈写真5〉450kHzで使用するセラミック・フィルタCFWKA450KEFA（村田製作所，11.5×6.5×3mm）

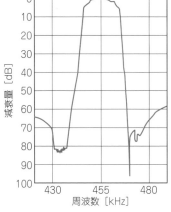

〈図13〉CFWKA450KEFAの減衰量周波数特性（村田製作所）

処理では区別できず，除去できません．伝統的なヘテロダイン受信機では周波数変換後に狭帯域のフィルタを使用して目的のナイキスト・ゾーン以外の信号を減衰させています．例として450kHzで使用するセラミック・フィルタCFWKA450KEFA（村田製作所）の外観を**写真5**に，特性を**図13**に示します．±25kHzで50dB以上の減衰量があることがわかります．

■ 4.3 フローグラフの説明

● Throttleブロック

"AD2AnalogOut Record Source"ブロックに隣接する"Throttle"ブロックはAnalog Discovery 2からデータを読み込む周期を「サンプリング・レート÷バッフ

ァ・サイズ」に制限しています．そのためブロック内にあるAdvancedタブの"max_output_buffer"はAM変調の節で使用した"AD2AnalogIn Play Sink"と同じく，Analog Discovery 2の内部バッファのサイズ以下とする必要があります．

● 周波数シフトと帯域制限

読み込まれたIF信号は"Frequency Xlating FIR Filter"で帯域制限されると同時にゼロIFへ周波数変換されます．この場合の周波数シフト量は，450 kHz − 192 kHz × 2 = 66 kHzとなります．

帯域制限するにはTaps欄に以下のように記載します．

```
firdes.low_pass(0.1, samp_rate, 30e3, 10e3)
```

引数は順番に，利得，サンプリング・レート，カットオフ周波数，偏移幅です．上記の場合，通過帯域を30 kHz，偏移幅を10 kHzと設定しています．このように入力すると図14のように自動的に係数が計算されます．

● 複素信号のFM復調

ゼロIFに変換された信号は，このブロックの出力の時点で複素信号化されています．これをFM復調す

るには"FM Demod"ブロックに入力するだけです．このブロックの出力は，emphasisを0とすれば，max_deviationを1としたときの割合となるので，その後にmax_deviationを乗算することで信号の周波数偏移が求まります．変調周波数1 kHz，周波数偏移1 kHzの信号をこのフローグラフで復調すると，図15のような波形が出力されます．計測値はモジュレーション・アナライザで測定した値とほぼ一致していました．なお，似たような機能のブロックで"NBFM Receive"というブロックもありますが，こちらはemphasisを0とするとエラーとなり実行できませんでした．

復調後は"Low Pass Filter"ブロックで帯域制限されると同時にPCのオーディオ出力レートにダウンサンプリングされます．最後に"Audio Sink"ブロックに復調信号を入力すれば，PCのスピーカから復調音が出力されます．

■ 4.4 FM復調のまとめ

GRC上でブロックを組み合わせることで，ヒルベルト変換もアークタンジェントも微分も意識することなくIF周波数からのFM復調が行えました．

実際の信号と実機を用いたデバッグは，フィルタのカットオフ周波数を変更するだけでもMATLAB等の数値計算ソフトを使用して係数を求め，ソース・コードを変更し，ビルドして書き込んで実行という手順を踏む必要がありました．しかし，GRCを利用すれば，数値を変更するだけで簡単に確認可能です．また，信号処理途中の波形が気になった場合でも，GRCならばScopeをつなぐだけで確認できます．GRCを使用することでデバッグが少し楽になりそうです．

⑤ GRCで作る125 kHz帯RFIDタグ・エミュレータ

本稿では125 kHz帯を利用するIDタグ（非接触IC

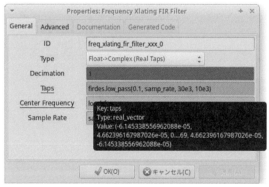

〈図14〉Frequency Xlating FIR FilterブロックにおけるLPFの設定

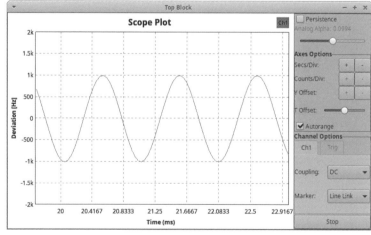

〈図15〉変調周波数1 kHz，周波数偏移1 kHzのFM信号を復調した波形

カード）の信号の記録，デコード，および再生を
Digilent社のAnalog Discovery 2とGRC（GNU Radio
Companion）を使って行った例を紹介します．

　EM4100（EM Microelectronic社）は100～150 kHz
帯で動作するIDタグに組み込むデバイスです．40ビ
ットのデータを格納することが可能なので，1兆990
億通りのユニークなIDを格納できます．

　低価格なことから世界中で普及しており，このIC
を組み込んだIDタグが1枚10円程度，USB接続タイ
プのリーダは1台500円程度でそれぞれ入手できます．
私が購入したタグとリーダを**写真6**に示します．

■ 5.1 IDタグとリーダ間の 無線信号を記録する

● 5.1.1 IDタグの通信波形を調べる

　写真7のようにUSBリーダとタグの間にアンテナ・
コイルを入れて，通信波形をAnalog Discovery 2を使
って観測します．

　IDタグがないときの波形を**図16**に，IDタグがある
場合の波形を**図17**にそれぞれ示します．カード・リー
ダから125 kHzの信号が出力されており，タグが存在

すると RFIDから出力された信号の振幅が，データに
応じて256 μsまたは512 μsごとに変化していること
がわかります．　振幅が小さくなるときはタグが搬送波
の電力を消費しているので「ハイ・カレント状態」と

〈写真6〉EM4100が組み込まれたIDタグ（下）とUSB接続型リー
ダ（上）

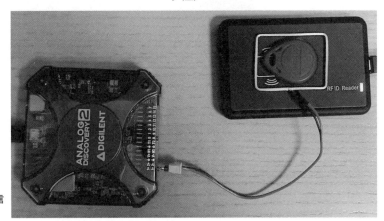

〈写真7〉IDタグの通信
波形を観測する

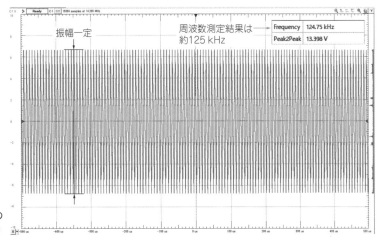

振幅一定

周波数測定結果は
約125 kHz

| Frequency | 124.75 kHz |
| Peak2Peak | 13.398 V |

〈図16〉IDタグがないときの
波形（100 μs/div., 2 V/div.）

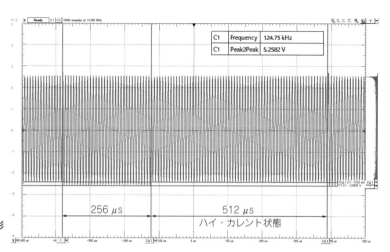

〈図17〉ID タグがあるときの波形
(100 μs/div., 1 V/div.)

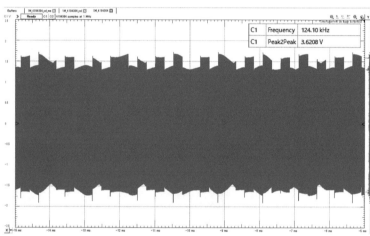

〈図18〉信号が非対称波形になって
しまう例(1 ms/div., 500 mV/div.)

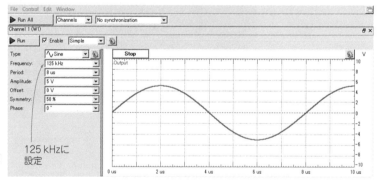

〈図19〉ファンクション・ジェネレー
タから 125 kHz 正弦波を出力する例
(1 μs/div., 2 V/div.)

呼びます. 振幅の変化の最小時間が 256 μs なので, デ
ータ・レート 3.9 kbps の ASK 変調であることがわかり
ました.

　USB カード・リーダから信号を出して観測すると,
GND の電位差によって, **図18**のように信号が非対称
になってしまう場合があります. 幸い Analog
Discovery 2 にはファンクション・ジェネレータ機能
(アナログ出力)があるので, **図19**のようにファンク
ション・ジェネレータから 125 kHz の正弦波を出力し

てしまえばこの問題は解決します.

● 5.1.2 通信波形を記録する

　デコーダを開発するにあたっては, 検証の際に毎回
同じデータが来たほうが都合が良いので, 既知の ID
を持つ ID タグの信号を直接記録します. 信号の記録
は Waveforms という, Digilent 純正アプリケーション
で可能です. この記事では Windows 版のバージョン
3.12.1 を使用しました.

　Analog Discovery 2 には 100 M サンプリング/秒ま

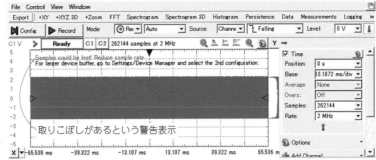

〈図20〉データ取りこぼし
警告表示

〈図21〉デバイス・マネージャの設定画面

〈図22〉タスク・マネージャによる優先度の設定

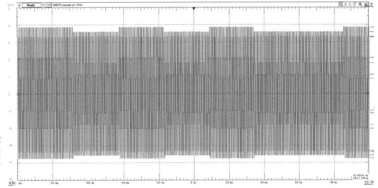

〈図23〉125 kHz 正弦波を Analog
Discovery 2から出力し，治具を使
って取り込んだ信号波形（200 μs/
div.，1 V/div.)

で取り込み可能なA-Dコンバータが搭載されていま
すが，データの取りこぼしなくPCアプリケーション
にリアルタイム転送できるのは，2Mサンプリング/
秒程度が限界です．また，使用するPCの性能によっ
ては，1Mサンプリング/秒でもデータの取りこぼし
が発生し，図20に示すように"Reduce sample rate"と
表示されます．これに対処するには，Scopeのメモリ
割り当てを増やすこと（図21），タスク・マネージャで
アプリケーションの優先度を上げること（図22）が有
効です．

　EM4100の信号はキャリヤに対して振幅変化が小さ

いので，サンプリング位置に対する振幅のゆらぎを小
さくするため，サンプリング・レートをキャリヤ周波
数の整数倍にします．リアルタイム転送の制限もある
ことから，サンプリング・レートは125 kHzの8倍＝
1Mサンプリング/秒としました．125 kHzの正弦波
をAnalog Discovery 2から出力し，次項で説明する治
具を使用して取り込んだ信号波形を図23に示します．

■ 5.2 治具について

● 5.2.1 アンテナ・コイルの特性を調べる

　本稿で使ったアンテナ・コイルは，EM4100の読み

取りモジュール"RDM6300"付属のものです.

　巻き数もインダクタンスも不明ですが，Analog Discovery 2にはインピーダンス・アナライザ機能があるので，特性を調べることができます.

　インピーダンス・アナライザは，リファレンス抵抗を差し替えつつキャリブレーションすることも可能ですが，写真8に示すようなインピーダンス・アナライザ専用のオプションが用意されているので利用すると簡単です.

　このオプションでアンテナ・コイルを測定したところ，図24のように436 μH@125 kHzであることがわかりました. このアンテナ・コイルを125 kHzに同調させるには，$f = 1/(2\pi\sqrt{LC})$を解いて$C \fallingdotseq 3718$ pFが必要です. E-6系列から近い値を選んで3300 pFと330 pFを並列接続すると，特性は図25のようになりました.

● 5.2.2 トリガ・ボタンと状態表示LEDの追加

　取り込みの開始はアプリケーション画面のボタンをクリックしても可能ですが，デバイス設定とトリガ設定を図26のようにすると，Analog Discovery 2の

〈写真8〉オプションのインピーダンス・アナライザ・アダプタ

Trigger1ピンに接続したボタンでトリガをかけ，実行中はTrigger2ピンに接続したLEDが光るようにできます.

　トリガ端子は外部プルアップが必要なので，図27のようにAnalog Discovery 2から3.3 Vを出力しておきます.

● 5.2.3 ハイ・カレント状態を検出する

　ハイ・カレント状態を検出するには，送信機と受信機の間に抵抗を入れ，電圧差を発生させ，その変化を読み取ります. この抵抗が小さすぎるとハイ・カレント状態を検出できませんし，大きすぎるとタグに電力を供給できません. 今回はハイ・サイド，ロー・サイドともに100 Ωとしました.

　これらにパターン・ジェネレータによる送信回路とアンテナ切り替えスイッチを追加し，最終的な回路図は図28(p.70)のようになりました. 製作した治具の外観を写真9(p.70)に示します.

■ 5.3 デコード

● 5.3.1 GNU Radioで受け付けるデータ形式について

　前項で記録した波形を再生してIDをデコードします. GRC上でファイルに記録した信号を再生するには"File Source"ブロックを使います. "File Source"ブロックは，信号がFloat形式の場合，IEEE754形式の単精度浮動小数点数を受け付けます. エンディアンはリトル・エンディアンです.

● 5.3.2 CSV→IEEE754の変換プログラムを作る

　Waveformsで記録した波形は，残念ながらIEEE754形式ではエクスポートできないので，いったんCSVファイルにエクスポートして，IEEE754形式にコンバートする手法を取ります. githubでそのようなプログラムを探しましたが，そのものズバリというものはなかったのでPythonで制作しました.

　CSVをPythonで扱う場合"csv"というモジュールを使用します. また，IEEE754形式をPythonで扱うには"struct"モジュールを使います. どちらも標準ラ

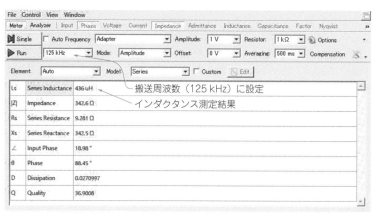

〈図24〉アンテナ・コイルのインピーダンス測定結果

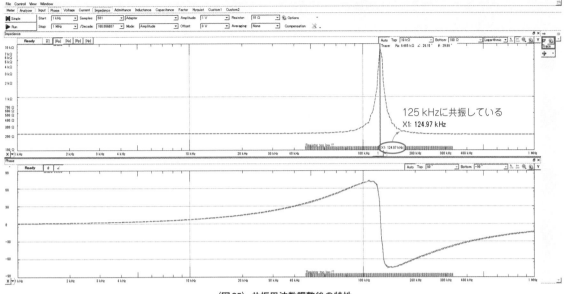

〈図25〉 共振周波数調整後の特性

125 kHzに共振している
X1: 124.97 kHz

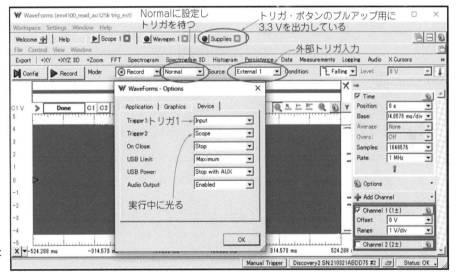

〈図26〉 デバイス設定と
外部トリガ設定

Normalに設定し
トリガを待つ

トリガ・ボタンのプルアップ用に
3.3 Vを出力している

外部トリガ入力

トリガ1

実行中に光る

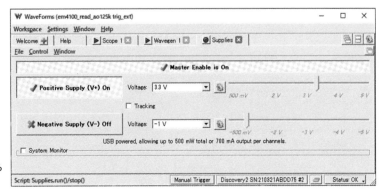

〈図27〉 Analog Discovery 2から
治具へ3.3 Vを供給する

イブラリなので，追加インストールは不要です．制作したプログラムを**リスト1**に示します．

csvモジュールを使用して，csv.reader()の引数にopen()で開いたファイルを指定し，読み込んだオブジェクトをfor文で逐次アクセスすることで各行の要素を取得します．取得した要素をstruct.packを使用してIEEE754単精度浮動小数点数に変換します．pack'f'が32ビット浮動小数点を表し<がリトル・エンディアンを表しています．

このプログラムもgithubに公開しています．
https://github.com/7m4mon/convert_csv_to_ieee754

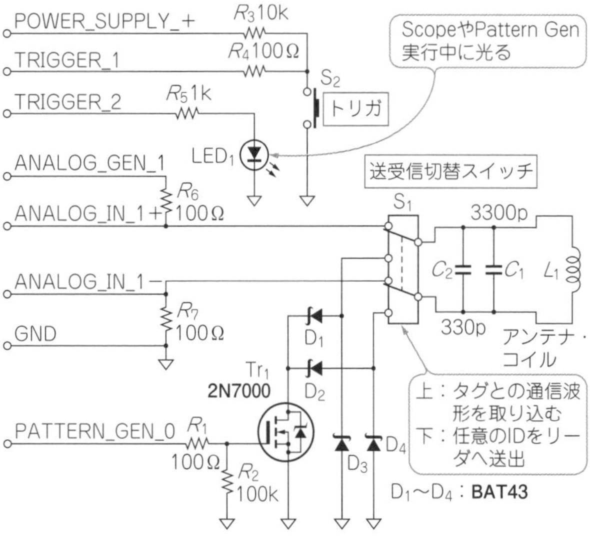

ここまでで，GRCで扱えるEM4100の信号を記録したファイルが準備できました．

〈図28〉製作した治具の回路図

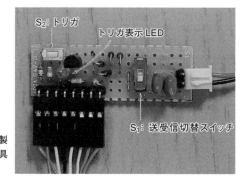

〈写真9〉製作した治具の外観

〈リスト1〉CSV→IEEE754の変換プログラム（convert_csv_to_ieee754.py）

```
import csv
import struct
import sys

def csv2float(in_file_name = './input.csv' , out_file_name = './output.flt',
row_val = 1):
    bin_ary = bytearray([])
    with open(in_file_name) as f_in:
        reader = csv.reader(f_in)
        for row in reader:
            try:
                v = float(row[row_val])   # non comma is possible with index zero.
            except ValueError:
                print('ValueError')
            else:
                bin_ary.extend(struct.pack('<f', v)) # little endian, 32bit floa
t : compatible for GRC File Sink Block

    with open(out_file_name, 'wb') as f_out:
        f_out.write(bin_ary)
        print('done')

if __name__ == '__main__':
    args = sys.argv
    if 4 <= len(args):
        csv2float(args[1], args[2], int(args[3]))
    elif 3 == len(args):
        csv2float(args[1], args[2])
    elif 2 == len(args):
        csv2float(args[1])
    else:
        print('input_file, output_file, row')
```

● 5.3.3 GRC上にEM4100のデコーダを実装する

前節までで取得した信号を使用して，GRC上に
EM4100のデコーダを実装します．フローグラフを**図
34**(p.75)に，動作のようすを**図35**(p.75)にそれぞれ示
します．

● 5.3.4 AM復調から2値化まで

前述のコンバータで制作したIEEE754形式のバイ
ナリ・データを"File Source"ブロックに指定します．
このバイナリ・データにはサンプリング・レートの情
報は含まれていないので，GRC上で指定が必要です．
"Variable"のsamp_rate 1 Mがそれにあたります．記
録されたファイルを使用する場合"Throttle"ブロック
がないとCPUの最大能力で処理をしてしまいますの
で"File Source"ブロックのあとに"Throttle"ブロック
を設置して実行速度を制限します．

"AM Demod"ブロックでAM復調すると同時に，
後段の処理を軽くするためダウンサンプリングを行い
ます．ダウンサンプリングの際，ナイキスト周波数以
下に帯域を制限する必要がありますが，復調にはデー
タ・レートの5倍程度は必要です．データ・レートは
信号の解析時に3.9 kbpsと判明していますので，カッ
トオフ周波数は20 kHzとしました．

また，記録した波形のDCオフセットやGNDが共通
でない場合のハム・ノイズの影響を排除するためHPF
が必要です．HPFのカットオフ周波数は復調波形をモ
ニタしながらカット＆トライで500 Hzに決めました．
HPFがない場合の復調波形を**図29**に，ある場合を**図
30**に示します．

その後"Binary Slicer"ブロックで2値化します．こ
の"Binary Slicer"ブロックで0以上を1，0未満を0と
します．ここまでで，0,1のビット・ストリームが制作
できました．

● 5.3.5 デコーダを作る

EM4100の信号はマンチェスタ符号化されていま
す．マンチェスタ符号とは**図31**で示すように，クロッ
クとデータのEXORを取ったものです．つまり，1の
ときはH→L，0のときはL→Hと変化します．0,1の
ビット・ストリームを取り込み，0→1に変化するか，

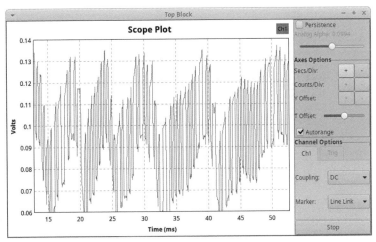

〈図29〉 HPFがない場合の
AM復調波形

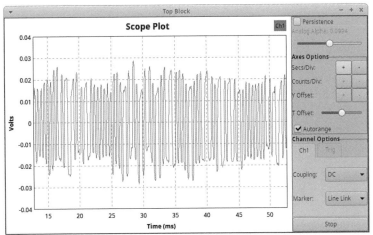

〈図30〉 HPFがある場合の
AM復調波形

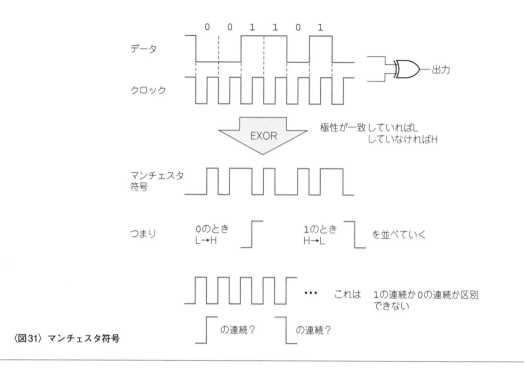

データ

クロック

出力

EXOR

極性が一致していればL
していなければH

マンチェスタ
符号

つまり

0のとき
L→H

1のとき
H→L

を並べていく

・・・ これは 1の連続か0の連続か区別
できない

の連続? の連続?

〈図31〉マンチェスタ符号

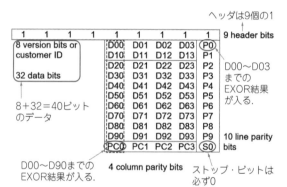

1	1	1	1	1	1	1	1

ヘッダは9個の1
9 header bits

8 version bits or customer ID	D00	D01	D02	D03	P0
	D10	D11	D12	D13	P1
	D20	D21	D22	D23	P2
32 data bits	D30	D31	D32	D33	P3
	D40	D41	D42	D43	P4
	D50	D51	D52	D53	P5
	D60	D61	D62	D63	P6
	D70	D71	D72	D73	P7
	D80	D81	D82	D83	P8
	D90	D91	D92	D93	P9
	PC0	PC1	PC2	PC3	S0

8+32=40ビット
のデータ

D00~D03
までの
EXOR結果
が入る.

10 line parity bits

D00~D90までの
EXOR結果が入る.

4 column parity bits

ストップ・ビットは
必ず0

〈図32〉EM4100のメモリ・アレイのビット構成(データシートから)

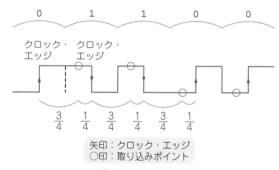

| 0 | 1 | 1 | 0 | 0 |

クロック・
エッジ

クロック・
エッジ

$\frac{3}{4}$ $\frac{1}{4}$ $\frac{3}{4}$ $\frac{1}{4}$ $\frac{3}{4}$ $\frac{1}{4}$

矢印:クロック・エッジ
○印:取り込みポイント

(a) クロックから$\frac{3}{4}$周期の位置で次のビットを取り込む

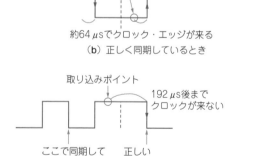

取り込みポイント

約64 μsでクロック・エッジが来る

(b) 正しく同期しているとき

取り込みポイント

192 μS後まで
クロックが来ない

ここで同期して
いた場合

正しい
クロック・エッジ

(c) 正しくないとき

〈図33〉取り込みポイントとクロック・エッジの関係

1→0に変化した点をクロック・エッジとし,そこから
192 μs (256/4×3) 後の入力を次のビットとして取り
込みます.

　ここで問題となるのが,データ・レート周期の方形
波が来た場合,それが0の連続なのか1の連続なのか
は区別が付かないことです.

　EM4100内のメモリ・アレイは,データ・シートか
ら抜粋すると図32のようになっていて,同期ビット
は9個の1の連続です.9個の0の連続が来ないシステ
ムならば,1が9連続した場合にビット同期が完了し
たとみなして良いのですが,今回のシステムは40個
以上の0の連続が来る可能性があるため,ビット同期
後にそのままデータを最後まで取り込んでも正しくデ
コードできません.

　クロック同期の位置が誤っていた場合「規定のタイ

ミングでクロック・エッジが来なかった」ことで誤り
を検出できます．図33で示すように，正しい位置に同
期していた場合は，取り込みポイントからおよそ
64 μs後（256 μs/4）にクロック・エッジが現れますが，
誤った位置に同期していた場合は，192 μs後（256 μs/4
×3）までクロック・エッジが現れません．同期位置が

誤っていることを検出したら，今までのデータを破棄
してリセットし，正しいクロック位置に同期し直して
最初からデコードを行います．

● 5.3.6 水平パリティと垂直パリティ

　EM4100には水平パリティと垂直パリティが組み込
まれています．水平パリティは，4ビットごとに

〈リスト2〉IDタグの通信波形をデコードするGRCブロック（em4100_decoder_b.py）

```python
import numpy
from gnuradio import gr

class em4100_decoder_b(gr.sync_block):

    ''' デコード結果を表示する関数 '''
    def print_decode_result(self):

        id_long = 0              # 最終的にデコードした40bitのID
        id_nib = 0              # 4ビットずつ処理するための変数
        lrc = 0                 # 水平パリティ
        vrc = 0                 # 垂直パリティ

        for i in range(55-1):       # 40bit分の結果格納とパリティチェック
            if (i+1) % 5 == 0:      # 5ビット分のデータを処理する
                if lrc != self.dec_bit[i] :
                    print "LRC NG " + str((i+1)/5)
                lrc = 0             # 次の行に備えて水平パリティをクリア
                vrc ^= id_nib       # EXORをとって垂直パリティを計算していく
                id_long *= 16       # 左に4ビットシフト
                id_long += id_nib   # LSBにIDを4ビット分追記
                id_nib = 0          # 次の行に備えて4ビット分のIDをクリア
            else:
                lrc ^= self.dec_bit[i]     # 1ビットずつEXORをとって水平パリティを計算
                id_nib *= 2                # 左に1ビットシフト
                id_nib += self.dec_bit[i]  # LSBに1ビット追記
        if id_nib != vrc :                 # 垂直パリティを検査
            print "VRC NG " ,
        if self.dec_bit[54] != 0:          # ストップビットを確認
            print "STOP_BIT NG " ,

        print "¥nID:" ,                    # IDを表示
        print hex(id_long)

        print "¥nRaw bit :" ,
        for i in range(55):
            print str(self.dec_bit[i]) + "," ,  # デバッグ用に中身を表示
            self.dec_bit[i] = 0                 # 終了時に初期化
        print ("¥n")


    ''' EM4100 デコーダ本体 '''
    def em4100_decoder(self, input_sample) :
        self.clock_counter += 1
        if self.clock_counter < self.clock_quarte_position * 3 :
        # 前回のエッジから 192us (3/4 cycle)までは何もしない
            pass
        elif self.clock_counter == self.clock_quarte_position * 3 :
        # 取り込みポイントに到達した
            self.last_dec_bit = input_sample                  # 1ビット取り込む
            #非同期
            if self.sync_counter < self.bit_sync_num :        # 1が連続するのを待つ
                if input_sample == 1 :
                    self.sync_counter += 1          # 1が連続している数をインクリメント
```

```python
            else:
                self.sync_counter = 0             # 1が連続していないので同期外れ
        #同期中
        else:
            self.dec_bit[self.dec_counter] = input_sample  # 1ビット取り込む
            self.dec_counter += 1
            if self.dec_counter == 55:        # 規定のビット数デコードし終わった
                self.print_decode_result()  # 結果を表示してリセット
                self.sync_counter = 0
                self.dec_counter = 0
    else :
        if self.last_dec_bit != input_sample:          # クロックエッジの検出
            if self.clock_counter > self.clock_quarte_position *  5:
                # 前回のクロックエッジから1.25周期以上クロックが来ないということは
                # 間違った方に同期してしまっている
                self.sync_counter = 0            # 今までのデータを捨ててやり直し。
                self.dec_counter = 0
            self.clock_counter = 0               # クロックの同期を最新のエッジで更新

    if self.clock_counter > self.clock_quarte_position *  5:
    # 1.25周期以上クロックが来なかったら初期化
        self.clock_counter = 0
        self.dec_counter = 0
        self.sync_counter = 0


''' 初期化関数 '''
def __init__(self, sample_per_bit, bit_sync_num):
    gr.sync_block.__init__(self,
        name="em4100_decoder_b",
        in_sig=[numpy.int8],
        out_sig=None)
    self.clock_counter = 0
    self.dec_counter = 0
    self.sync_counter = 0
    self.last_dec_bit = 0
    self.dec_bit = [0] * 55        # 64bitのうち、9ビットはヘッダなので 64-9 = 55
    self.bit_sync_num = bit_sync_num
    self.lrc = 0
    self.clock_quarte_position = int(sample_per_bit/4)

''' 実行中の処理 '''
def work(self, input_items, output_items):
    in0 = input_items[0]
    for input_sample in in0:
        self.em4100_decoder(input_sample)
        # 入力されたビットストリームを1ビットずつデコーダに入力
    return len(input_items[0])
```

EXORを取ったものが5ビット目に入ります．これを50ビット分繰り返した後，51ビット目から4ビットは垂直パリティとして各行のEXORを取ったものが入ります．

● 5.3.7 動作

以上の処理を実装したものが**リスト2**です．デコード結果は標準出力に出力されます．**図35**で示したように，GRCの出力に通信波形を記録したカードのIDが表示されました．

■ 5.4 再生装置を作る

● 5.4.1 送信側ハードウェア

アンテナ・コイルで受け取った電力をダイオード4本を使って検波した後にFETでスイッチすることによりハイ・カレント状態を作り出します．回路図を**図36**に示します．

FETがOFFの場合はドレインがハイ・インピーダンス状態になるので，キャリヤの振幅は影響を受けません．FETがONになるとショットキー・バリヤ・ダイオード・ブリッジで検波した搬送波がショート状態

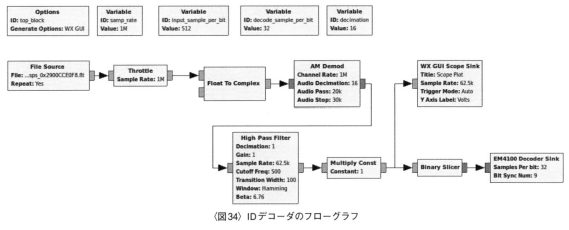

〈図34〉IDデコーダのフローグラフ

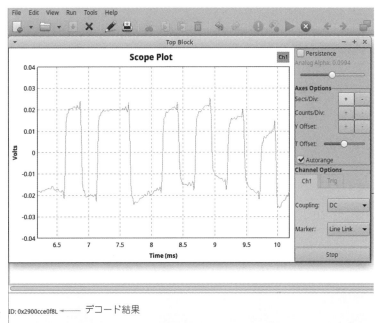

〈図35〉IDをデコードした結果

ID: 0x2900cce0f8L ◀━━━ デコード結果

Raw bit : 0, 0, 1, 0, 1, 1, 0, 0, 1, 0, 0, 0, 0, 0, 0, 0, 0, 0, 1, 1, 0, 0, 0, 1, 1, 0, 0, 0, 1, 1, 1, 0, 1, 0, 0, 0, 0, 0, 1, 1, 1, 1, 1, 0, 1, 0, 0, 0, 1, 0, 0, 1, 0, 0,

になるので，キャリヤの振幅が下がり，ハイ・カレント状態となります.

● 5.4.2 任意のIDの信号を生成する

Analog Discovery 2にはパターン・ジェネレータがあるので，このパターン・ジェネレータにマンチェスタ符号化後のビット列をセットすればEM4100の信号を再生できます.

40ビットのデータからパリティを付加して実際に送るデータを作るプログラムをC言語（VisualStudio 2019）で制作しました．コードを**リスト3**に示します.

ビット同期が9ビット，データと水平パリティが50ビット，垂直パリティが4ビット，ストップ・ビットが1ビットなので，合計64ビット分の配列を準備します．40ビットのIDを4ビットずつ読み込んで，水平パリティと垂直パリティを計算しつつ配列にセットして

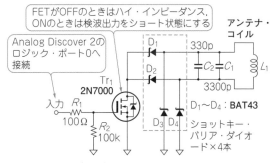

FETがOFFのときはハイ・インピーダンス，ONのときは検波出力をショート状態にする

Analog Discover 2のロジック・ポート0へ接続

アンテナ・コイル

入力　R_1
100Ω

R_2
100k

Tr₁
2N7000

D_1
D_2
D_3 D_4

330p

C_2 C_1

3300p

L_1

D_1〜D_4 : BAT43
ショットキー・バリア・ダイオード×4本

〈図36〉信号再生装置の回路図

いきます．マンチェスタ符号化するには，1を［0，1］に，0を［1，0］に置き換えるだけでOKです．**図33**の説明と極性が反転しているのは，1をハイ・カレント状態とし，振幅を小さくするためです.

引数からIDを読み込む際，いったんdouble型にし

〈リスト3〉任意のIDから送信するビット列を生成するプログラム（em4100_set_send_bit.cpp）

```c
#include <stdio.h>
#include <stdlib.h>
#include <string.h>
#include <stdint.h>

#define DAT_SIZE (8+32)            // （バージョン 8bit + ID 32bit）
#define NIB_SIZE (DAT_SIZE/4)      // 4ビットずつのデータ
#define BIT_SIZE (9+(NIB_SIZE+1)*5) // HEADER_BITS 1x9 + (NIBBLE+PARITY)
                                   // + COLUM_PARITY + LAST_ZERO
#define ID_SIZE  8                 // 64bits = 8 bytes

uint64_t id_num;                   // 40bitのID
uint8_t  send_bit[BIT_SIZE];       // 最終的にセットされるデータの配列
uint8_t  nib_data[NIB_SIZE + 1];   // 垂直パリティを含むデータの配列
bool     manchester_coding, print_vertical;  // 出力形式を選択するフラグ

/*** 4ビットずつのIDビットと垂直パリティをセットする関数 ***/
void set_nib_data() {
    uint8_t nib_num, colum_parity, i;
    colum_parity = 0;

    for (i = NIB_SIZE; i > 0; i--) {
        nib_num = id_num & 0x0f;     // 下位4ビットを抜き出し
        nib_data[i - 1] = nib_num;
        colum_parity ^= nib_num;     // 4ビットずつのEXORを取って垂直パリティを計算
        id_num >>= 4;                // 4ビットシフトして次のビットを準備
    }
    nib_data[NIB_SIZE] = colum_parity;  // 最終行は垂直パリティ
}

/*** 4ビットずつ水平パリティを計算して実際に送るビット列をセットしていく関数 ***/
void set_send_bit() {
    uint8_t nib_num;
    int8_t i, j, k, b, p;

    // 最初は9個の 1をヘッダとしてセットする。
    i = 0;
    while (i < 9) {
        send_bit[i] = 1;
        i++;
    }
    // 4ビットずつのビット列と水平パリティを計算してセットする
    for (k = 0; k < NIB_SIZE + 1; k++) {
        p = 0;                       // パリティのクリア
        nib_num = nib_data[k];
        for (j = 0; j < 4; j++) {
            b = (nib_num & 0x8) ? 1 : 0; // MSBファーストなので4ビット目を抜き出す
            send_bit[i] = b;         // ビットをセット
            p ^= b;                  // EXORを取ってパリティを計算
            nib_num <<= 1;           // 1ビット右にシフトして次のビットを準備する
            i++;
        }
        send_bit[i] = p;             // 計算したパリティを5bit目にセットする
        i++;
    }
    send_bit[BIT_SIZE - 1] = 0;      // 最終ビットは 0
}

/*** 標準出力に実際に送るデータを（マンチェスタ符号化して）表示する関数 ***/
void print_send_bit(void) {
    int8_t i;
    char str[16];
```

```
    for (i = 0; i < BIT_SIZE; i++) {
        if (manchester_coding) {       // マンチェスタ符号化する場合は
                                        // クロックを織り込む
            if (send_bit[i] == 1) {
                if (print_vertical) strcpy_s(str, "1¥n0¥n"); // Waveforms で
                                                // 扱いやすいように1行ずつ表示
                else strcpy_s(str, "1,0,");
            }
            else {
                if (print_vertical) strcpy_s(str, "0¥n1¥n");
                else strcpy_s(str, "0,1,");
            }
            printf("%s", str);
        }
        else {
            printf("%x", send_bit[i]);
            printf(",");
        }
    }
}

/*** 実行時に呼び出されるメイン関数 ***/
int main(int argc, char** argv) {

    int print_mode = 0;

    if (argc < 2) id_num = 0x0123456789;      // 引数がなければデフォルト値を表示
    if (argc >= 2) {
        double id_double = atof(argv[1]);
        // atof関数は、数字列の先頭が0xまたは0Xで始まる場合に、数字列を16進数として変換
        id_num = (uint64_t)id_double;
        // double型は仮数部が52ビットなので40ビットのデータを扱う分には誤差は発生しない
    }
    if (argc >= 3) print_mode = atoi(argv[2]); // 3番目の引数は表示形式を数値で指定

    manchester_coding = print_mode & 1 ? true : false;
    // 1ビット目が1だったらマンチェスタ符号化されたビット列を表示
    print_vertical = print_mode & 2 ? true : false;
    // 2ビット目が1だったら1行に1ビットずつ表示
    if (print_mode & 4) printf("id = 0x%llx¥n", id_num);
    // 3ビット目が1だったらセットされたIDを表示

    set_nib_data();
    set_send_bit();
    print_send_bit();

    return EXIT_SUCCESS;
}
```

ている理由は，atof関数を使用すると，数字の文字列の先頭が0xまたは0Xで始まる場合に16進数として変換してくれるためです．この処理で簡単に10進表記と16進表記との両対応ができました．なお，double型は仮数部が52ビットなので40ビットのデータを扱う分には誤差は発生しません．

このプログラムを実行すると標準出力にマンチェスタ符号化されたビット列が出力されます．この出力をファイルにリダイレクトして，ビット列が記録されたテキスト・ファイルを作成します．下記はそのコマンド例です．

```
em4100_set_send_bit.exe  0x0123456789
3 > em4100_0x123456789.csv ⏎
```

● 5.4.3 パターン・ジェネレータから信号を出力する

　Waveformsでパターン・ジェネレータを使用するには，Welcome画面の左側のメニューから "Patterns" を選択します．なお，Analog Discovery 2のPatternsにメモリが割り当てられていないと "Patterns" が灰色になっていて選択できないので，Device Manager（図21）では2番と3番以外を選択します．

　Click to Add channelsボタンでsignalを追加します．TypeをCustomとした後にEditのアイコンをク

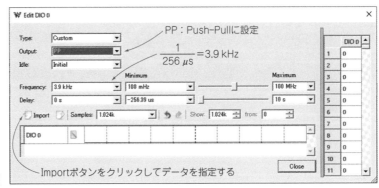

PP：Push-Pullに設定

$$\frac{1}{256\,\mu s}=3.9\,\text{kHz}$$

〈図37〉データの編集画面

Importボタンをクリックしてデータを指定する

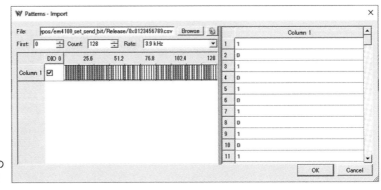

〈図38〉データの
インポート画面

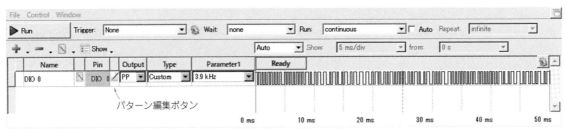

パターン編集ボタン

〈図39〉パターン発生画面

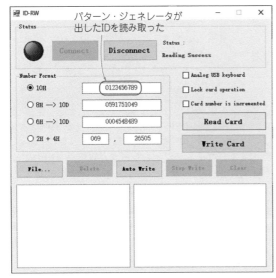

パターン・ジェネレータが
出したIDを読み取った

〈図40〉任意のIDを再生できた

リックすると，データの編集画面（**図37**）が表示されます．この画面のImportボタンをクリックして作成したCSVファイルを指定すると，**図38**のようなインポート画面が表示されます．5.4.2で作成したファイルを選択後，OKボタンをクリックし，**図37**の画面に戻ります．

Frequencyを3.9 kHz，Import出力の種類をPP（Push-Pull）として，Closeをクリックすると**図39**のようになり準備完了です．

　Runボタンをクリックしてパターンを発生させ，治具を介してカード・リーダに送信します．繰り返し送信しつつカード・リーダで読み込むと，**図40**のように作成したIDが表示されました．

■ 5.5 終わりに

　EM4100というRFIDカードを例に上げて，Analog Discovery 2とGRCを使用して125 kHz帯を利用した

RFIDの信号の記録，デコード，および再生が可能であることを示しました．SDR技術の進展により，汎用ハードウェアでさまざまな信号を扱えるようになり，ソフトウェアの重要性が高まっているように思われます．

　しかしながら，実信号を扱うにあたってはハードウェア技術も蔑_{ないがし}ろにできず，個人的にはハードウェアとソフトウェアの中間領域に技術的な面白さを感じています．この記事が皆様の参考になれば幸いです．

◆参考文献◆
(1) 高橋知宏；「GRCで広がるSDRの世界」，RFワールド No. 44，pp. 7〜91，CQ出版社，2018年11月．
　https://www.rf-world.jp/bn/RFW44/RFW44A.shtml
(2) 野村秀明；「GRCでオリジナルブロックを作成する」，RFワールド No. 50，pp. 78〜81，CQ出版社，2020年5月．
　https://www.rf-world.jp/bn/RFW50/RFW50A.shtml

のむら・ひであき　

Appendix

GNU Radio Version 3.8への対応
野村　秀明
Hideaki Nomura

　GNU Radioのバージョン3.8では重要なファイルが変更されたため，バージョン3.7以前で制作した自作ブロックは，そのままではビルドできなくなりました．

　自作ブロックで影響を受ける変更は下記の2点です．

〈リストA.1〉ブロックを定義するYAMLファイルの例（ad2_AD2_AnalogOut_Play_f.block.yml）

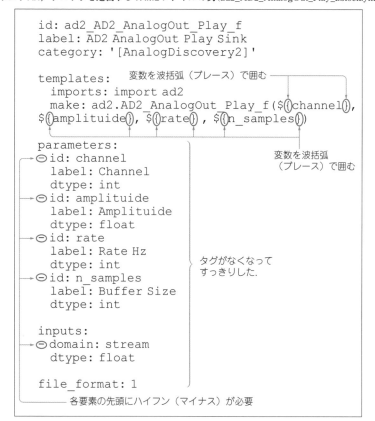

〈図A.1〉ブロック内の式に型変換が必要になった

① Python のバージョンが 2.7 から 3.8 になり，文法の一部が変わった

このため，以前のバージョン向けに書かれたプログラムは一部変更が必要な場合があります．例えば，
`print "String"`
はエラーとなるため，
`print ("String")`
のように丸かっこを追加する変更が必要です．

② ブロックの定義ファイルが XML から YAML に変わった

YAML は，タグの代わりにインデントを使ってデータの階層構造を表すもので，XML と比較して要素の一つ一つをタグで閉じる必要がなくなったため，可読性が向上しています．リスト A.1 にブロック定義 YAML ファイルを示します．

バージョン 3.7 以前のブロックをバージョン 3.8 に移行するには，公式手順によれば「再度同じブロックを（V3.8 上の）gr_modtool で制作してソース・コードを入れ替える」のが最も簡単な方法のようです．

ビルドの手順などは以前と同じです．つまり，ブロックのフォルダに移動して，次のように操作します．

```
$ mkdir build ↵
$ cd build ↵
$ cmake ../ ↵
$ sudo make install ↵
```

フローグラフを実行した際に 'ModuleNotFoundError' が出る場合は，ホーム・ディレクトリの .profile ファイルや .bashrc ファイルに下記の記載が必要です．

```
export PYTHONPATH=/usr/local/lib/
python3/dist-packages:/usr/local/
lib/python3/site-packages
```

また，バージョン 3.8 では WX GUI はサポートされなくなったため，フローグラフで使用している場合は QT GUI の相当するブロックへ置き換える必要があります．

例えばスペクトラム表示は "WX GUI FFT Sink" から "QT GUI Frequency Sink" に，時間波形表示は "WX GUI Scope Sink" から "QT GUI Time Sink" にといった具合いです．

その他として，型定義も少し厳密になったようで，ブロック内部の値に式を使っていて型が一致していない場合は，図 A.1 のように int() などの型変換が必要になりました．

以前のブロックやフローグラフが使えなくなり不便になりましたが，2020 年 1 月 1 日に Python2 系の開発が終了したことから，急速に移行が進むものと思われます．

◆参考文献◆

(1) "GNU Radio 3.8 OOT Module Porting Guide"
https://wiki.gnuradio.org/index.php/GNU_Radio_3.8_OOT_Module_Porting_Guide

のむら・ひであき

技術解説

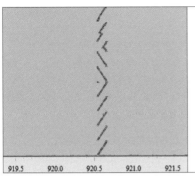

オープン・ソースFPGAボード "Red Pitaya"
を使ってウェブ・ブラウザに表示可能！

300 M〜6 GHzの電波環境モニタ "Radio Catcher"

清水 聡 / 臼井 誠
Satoru Shimizu / Makoto Usui

1 はじめに

　私たちの生活空間には，さまざまな電波が飛び交っています．無線LAN，ワイヤレス・イヤホン，携帯電話，テレビやラジオ．電波を使うのは通信機器だけではありません．電子レンジは2.4 GHz帯の電波を使った調理器です．また，新4K/8K衛星放送のIF（中間周

〈写真1〉Radio Catcherの外観

波）信号は2.4 GHz帯も使用します．あくまでもケーブル内の信号ですが，接続不良などがあった場合には漏洩した電波が無線LANなどと干渉する可能性があります．

　今後，無線を使った電子機器は，ますます増えることが予想されます．そのうえ，電子機器の筐体の樹脂化が進み，動作周波数が高くなることで，通信機器との干渉が発生しやすくなることが予想されます．

　我々は，そのような環境下でも適切な周波数や通信経路を選択することで安定した無線通信を行う研究を総務省から受託して実施しています．

　その研究を行う中で，まず電波を手軽に見ることができないかと考えました．もちろん市販のスペクトル・アナライザを使えばできるのですが，この研究では多くの場所で電波環境を測定することが求められました．そこで開発したのが今回紹介する "Radio Catcher" です．Radio Catcherの外観を**写真1**に，内蔵基板を**写真2**に示します．

　Radio Catcher は，100 MHz帯域の信号をリアルタイムで観測できます．従来にも広帯域で分析できる製品はありますが，100 MHzの帯域幅があるものは「手軽に」とはかけ離れたものです．100 MHzの帯域幅が

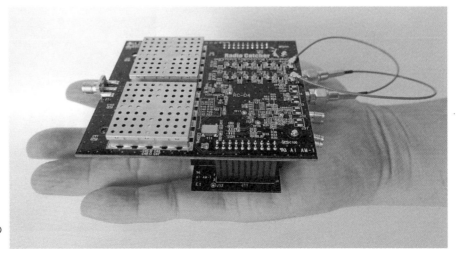

〈写真2〉Radio Catcherの内蔵基板

あれば，多くの機器が利用する2.4 GHz帯のISMバンドを1回の測定で把握できます．

また，測定の中心周波数を300 MHz～6 GHzという幅広い範囲に設定できるのも大きな特徴です．我々の生活で身近な無線機器は，ほとんどこの周波数範囲の中にあります．したがって，電波のモニタが必要となる周波数も同じ範囲と考えて開発の目標としました．

無線研究者や技術者が必要な最低限の機能は満足しつつ，手軽に電波環境をモニタできる，それを目指したのがRadio Catcherです．

② Radio Catcher の概要

■ 2.1 Radio Catcher の全体構成

Radio Catcherの全体構成を図1に示します．Radio Catcherの筐体には三つの接続コネクタがあります．アンテナ接続用のSMAコネクタ，micro USBの電源コネクタ，LANケーブル接続用コネクタです．

SMAコネクタにはアンテナを接続します．2.4 GHz帯用のホイップ・アンテナは付属していますが，もちろん，ほかのアンテナも接続可能です．

micro USBに電源供給できる5 V 2 AのACアダプタも付属します．このmicro USBに通信機能はありません．

LAN接続用コネクタは付属のLANケーブルでPCと接続します．ケーブルは普通のストレート結線ですが，最近のほとんどのPCにクロス／ストレートの自動判別機能があるため，問題なく直結できます．

PCはデスクトップでもノートでも構いません．OSは，WindowsでもLinuxでも結構です．ただし，ウェブ・ブラウザとしてChromeやEdgeなどがインストールされている必要があります．

■ 2.2 Radio Catcher の主要諸元

表1にRadio Catcherの主要諸元を示します．

300 MHz～6 GHzの信号を最大100 MHzの帯域で分析できます．このサイズや重量であればドローンに実装することも十分に可能です．

測定結果として，スペクトルとスペクトログラムが表示できます．オプションのソフトウェアを使ってベースバンド信号の保存もできるため，周波数分析以外の処理もオフラインで行うことができます．さらにさまざまな機能の開発を進めています．LANのインターフェースを持ち，表示や操作はPCで行います．そのため，遠隔から計測制御することも可能です．

消費電力は5 Wで，スマートフォン用の外部バッテリで動作させることもできます．

■ 2.3 Radio Catcher の使い方

Radio Catcherの使い方はとても簡単です．筐体裏面には，各筐体専用のURLが記載されたシールが貼り付けされています．電源投入してLANケーブル接続後，30秒ほど待ってからシールに記載されたURLをウェブ・ブラウザに入力します．すると図2に示すようなメニューが立ち上がり，続けてRadio Catcherのアイコンをクリックすれば測定画面に遷移します．

図3に測定画面を示します．右側に操作パネルがあり，左側が表示画面です．操作パネルで，周波数や帯域幅などの測定パラメータを設定します．設定後に

〈図1〉 Radio Catcher の全体構成

〈表1〉 RadioCatcher の主要諸元

項目	値など
中心周波数	300 MHz～6 GHz
分析帯域幅	100 MHz，20 MHz，4 MHz
筐体サイズ	140×100×40 mm（突起物を含まず）
重量	150 g（電池，筐体等含まず）
測定機能	● スペクトル ● スペクトログラム ● IQ信号の保存 （他の機能も開発中）
外部インターフェース	LAN（Gigabit Ethernet）
電源電圧，消費電力	DC 5 V，5 W

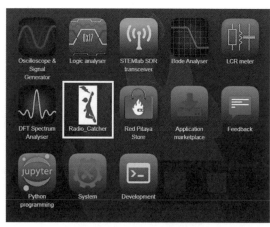

〈図2〉 メニュー画面

Startボタンをクリックすると測定が開始され，左側
に分析結果の波形が表示されます．青い(誌面では黒
色)ラインがスペクトルです．操作パネルのMaxを押
すと赤いラインが出てきて，MAX holdの結果を表示
していきます．

　操作パネルの下の方にあるMeasureをクリックす
ると，測定結果にマーカを設定できるようになりま
す．図3のように，操作パネルの右側にマーカを設定
した数値も表示されます．Measureをクリックする前
は，後ほど示す図8〜図10のようにマーカ値の表示は

無く，スペクトルの画面が大きくなります．
　測定結果をCSV形式で保存したり，画面をキャプ
チャする場合は，上のメニュー・バーを操作します．
ブラウザで制御するため，複数台のRadio Catcherを
一つのPCから操作することも可能です．その際，どの
ブラウザが，どのRadio Catcherに対応しているかわ
かるように，メニュー・バーに接続先のアドレス(図3
の場合は，RP-F07EF3.LOCAL)を表示させています．
　図4に分析帯域幅を20 MHzに絞った測定結果を示
します．このようにスペクトログラムの表示面積を拡

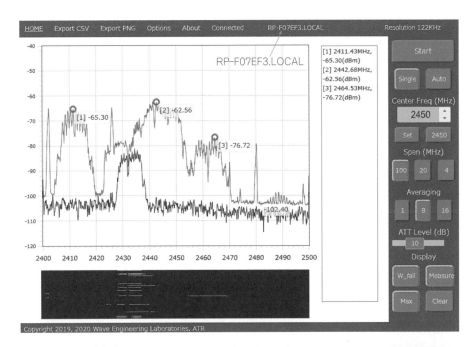

〈図3〉測定画面

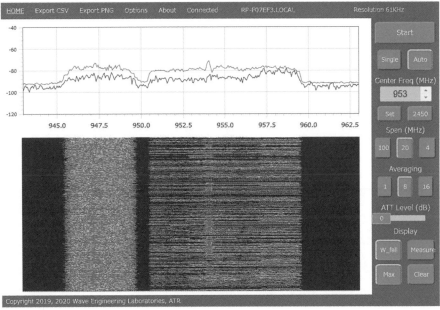

〈図4〉分析帯域幅20 MHz
の表示画面

大することもできます．なお，100 MHzから20 MHz
や4 MHzに分析帯域幅を絞った場合，単に表示を拡大
しているのではなく，フィルタリングとデシメーショ
ンを行っているため，ノイズ・レベルを下げることが
できます．

❸ Radio Catcherの構造

■ 3.1 Radio Catcherのハードウェア

Radio Catcherの筐体の中は，2種類のボードが内蔵
されています．1枚は私たちが開発したフロントエン
ド・ボードで，もう1枚は"Red Pitaya"と呼ばれる市
販の計測用FPGAボードです．ここで使用したのは14
ビットA-Dコンバータを備えたRed Pitaya STEMLab
125-14です．FPGA内の回路は独自のものに変更して
おり，2枚のボードは2組のピン・ヘッダと2本の同軸
ケーブルで接続されています．

市販ボードを活用することで開発工数を押さえつ
つ，低価格でコンパクトに仕上げることを目指しまし
た．

■ 3.2 Radio Catcherの信号処理概要

機能ブロック図を図5に示します．フロントエン
ド・ボードはアナログICで構成された基板で
300 MHz～6 GHzのRF信号を帯域100 MHzのベース
バンドへ変換する役割を持っています．FPGAボード
はベースバンド信号をA-D変換によりディジタル化

しハードウェアでFFTを実行します．また，その結果
をLANで接続されたPCに送ります．以下，それぞれ
のボードでの信号処理について詳しく説明します．

● 3.1.1 フロントエンド・ボードの信号処理

図5に示すようにフロントエンド・ボードはアンテ
ナから入力されたRF信号をアッテネータで調整後，
20 dBのゲインをもつ2段のLNA（ロー・ノイズ・アン
プ）を通してIQ復調器に出力します．

IQ復調器には，ローカル信号を発生させるPLLも
接続されており，この周波数と前述のアッテネータは
FPGA Zynq-7010（ザイリンクス社）からシリアル・イ
ンターフェースでコントロールされています．IQ復調
器でRF信号と基準周波数と掛け合わせることにより
RF信号はIチャネルおよびQチャネルのベースバン
ド信号に変換されます．FPGAボード上にあるA-D
コンバータ前のアナログ・フィルタのカットオフ特性
が緩い可能性があるため，IQ復調器の後段にアンチエ
イリアス・フィルタを配置して不要な高周波成分を除
去してからベースバンド信号をFPGAボードに渡す
ようにしました．

● 3.1.2 FPGAボードの信号処理

FPGAボードであるRed Pitayaの入り口には，
125 MHzのサンプリング・レートで動作する2チャネ
ルのA-Dコンバータがあり，フロントエンド・ボード
から送出されたIチャネル，Qチャネルのベースバン
ド信号をディジタル化します．

図6にFPGA内部の処理ブロック図を示します．I
チャネル，Qチャネルの信号は必要に応じて最大2段

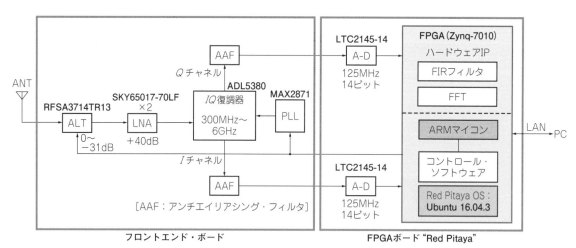

〈図5〉Radio Catcherの機能ブロック図

〈図6〉FPGA内部の処理ブロック図

のFIRフィルタで間引き処理（デシメーション）された後，さらに図6に$H(x)$で示したハニング関数を通した上でハードウェアIPのFFTに入力され，計算結果がDRAMに転送されます．またオプション機能として，I/QデータをFFT演算せずDRAMに格納するモードも設けています．これらの動作モード一覧を表2に示します．これら多様な動作モードに柔軟に対応するためにFPGA内部では，各IPの接続を独自のバス・スイッチで自由に組み替えられる構造にしています．なお，FIRフィルタおよびFFTはXilinx社が提供するIPを使って構成されています．

■ 3.3 Radio Catcherのソフトウェア

Radio Catcherのソフトウェアは，FPGAボードの開発元であるRed Pitaya社が提唱するフレームワークに準拠して開発しました．具体的には，ソフトウェアはC言語で書かれたコントロール・ソフトウェアと，ウェブ・ブラウザ内で実行されるJavaScriptから構成されます．それぞれの役割分担ですが，コントロール・ソフトウェアはFPGA内のARMマイコンで実行され，おもにFPGA内のハードウェアの制御を受け持ち，JavaScriptはユーザPC上のウェブ・ブラウザ内で実行され，おもに波形をグラフィック表示する部分を受け持ちます．

今回私たちは，基本的な枠組みはRed Pitayaのフレームワークを踏襲した上で，C言語とJavaScriptの連携制御は図7に示す独自の処理フローを使いました．

具体的にはウェブ・ブラウザ上のユーザのマウス操作に応じて，JavaScriptが適応する計測コマンドを発行し，コントローラ・プログラムはLAN経由でコマンドを受信してFPGAハードウェアを起動します．

またハードウェアの処理が終了するとハードウェアからコントローラ・プログラムに割り込みが入り，コントローラ・プログラムはDRAM上に蓄積された測定データをウェブ・ブラウザ側に返送します．このように上位の指令を下位が実行するコマンド・ステータス型のインターフェースで内部の動きを統一しました．

この方法をとったことにより，それぞれの機能の独立性が高まり，単独でデバッグすることが容易になりました．

4 観測例

ここで代表的な観測例を二つ示します．

■ 4.1 無線LAN

図8に2.45 GHzを中心に100 MHzの帯域で測定した結果を示します．「2.3 Radio Catcherの使い方」で説明したとおり，青い線（誌面では黒色）が測定値で，赤い線はMax holdの値です．2.4 GHz帯では，無線LAN信号を始めとする多くの電波が観測できました．机の上でノートPCの隣に置いて，簡単に測定できました．

〈表2〉動作モード一覧

動作モード	1段目FIR	2段目FIR	FFT	計測内容
モード0	無し	無し	無し	IQ生データの計測
モード1	無し	無し	有り	周波数スペクトル計測（バンド幅100 MHz）
モード2	有り	無し	無し	IQ生データの計測（デシメーション1段）
モード3	有り	無し	有り	周波数スペクトル計測（バンド幅20 MHz）
モード4	有り	有り	無し	IQ生データの計測（デシメーション2段）
モード5	有り	有り	有り	周波数スペクトル計測（バンド幅4 MHz）

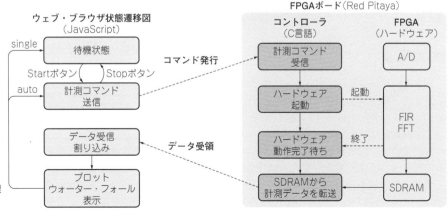

〈図7〉ソフトウェアの処理フロー

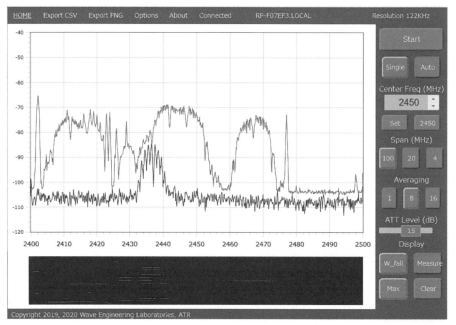

〈図8〉2.4 GHz帯無線LAN
の測定例

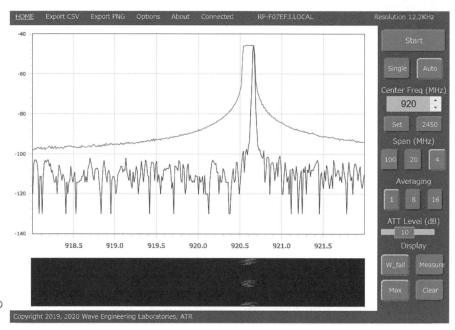

〈図9〉900 MHz帯LoRaの
測定例

■ 4.2 LoRa

　図9に，LoRaの無線機からの送信信号の測定結果を
示します．赤い線のMax holdを見ると，チャープ信
号によるスペクトルのピークが動いていることがわか
ります．ただし，周波数の遷移が早く，直接は見えま
せん．そこで，拡張機能であるIチャネルとQチャネ
ルのベースバンド信号を保存し，別な方法でFFTし
て時間と周波数を拡大した分析結果を図10に示しま
す．1チャープは1 msであり，図10は約10 msのデー

タです．パケット先頭の無変調アップ・チャープやダ
ウン・チャープからデータ部分のアップ・チャープま
で周波数の遷移を把握できました．

5 まとめ

　研究者や技術者が手軽に使えるというコンセプトの
もと，開発したRadio Catcherの概要について，説明
しました．電波環境をモニタするための十分な機能/
機能は確保しているつもりです．

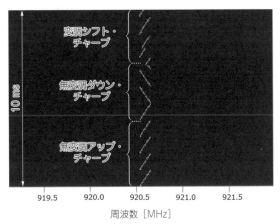

〈図10〉図9のLoRa信号を別な方法でFFTして時間と周波数を拡大した分析結果

このRadio Catcherをプラットフォームとして，チャネルやSF（Spreading Factor）ごとのLoRa信号を検出するLoRa Finderや，無線LANのチャネルごとの電波の使用状況をヒストグラムで表示するWi-Fi Measureなども開発を終えました．さらに測定周波数

の拡張や複数台での同期測定なども開発準備中です．

無線研究の共通プラットフォームにするべく，今後も開発を継続します．また多くの無線研究者や技術者に実際に使っていただけるように社会実装と製品化を目指していきます．

For and by wireless lovers.

謝辞

本開発は総務省の「電波資源拡大のための研究開発（JPJ000254）」における委託研究「IoT/5G時代のさまざまな電波環境に対応した最適通信方式選択技術の研究開発」の成果を含みます．

今後，製品化に関する情報は下記URLで開示していきます：

https://wel.atr.jp/radio-catcher/

しみず・さとる　㈱国際電気通信基礎技術研究所
波動工学研究所　無線応用研究室
うすい・まこと　㈱国際電気通信基礎技術研究所
波動工学研究所　無線応用研究室

カスタム・メニューの作り方，GUIベースのFPGA開発，コントローラ・プログラムの開発など
ディジタル信号処理ボード"Red Pitaya"の紹介

臼井 誠／清水 聡
Makoto Usui／Satoru Shimizu

❶ Red Pitayaの概要

"Red Pitaya"（**写真1**）は東欧のスロベニアにあるRed Pitaya社から販売されているディジタル信号処理ボードです．代表的なアプリケーションとしてオシロスコープ，パターン・ジェネレータ，スペクトラム・アナライザなどがあり，これらのアプリケーションは購入時に添付されているmicro SDカードに書き込まれているので，ボード上にあるカード・スロットに挿入してすぐに使うことができます．

メニュー画面を**図1**に，パターン・ジェネレータとして三角波と正弦波を発生させ，それをオシロスコープに折り返し入力した場合の表示画面を**図2**に示します．

Red Pitayaは**写真1**のとおり，基本はボードむき出しの状態のものが届きます．オプションでプラスチックまたはアルミ製のケースはあるものの，計測器のようにしっかりとした筐体に収まっているわけではありません．感覚としてはRaspberry Piの計測器版といっ

た感じです．

電源はmicro USBコネクタに接続する5V2AのACアダプタが同梱されています．紙ベースのマニュアル類は添付されておらず，Quick StartのURLが記載された小さな付箋のような紙きれが同梱されているだけです．そのURLを参照すれば良いとはいえ，ウェブ・サイトの説明はすべて英文であり，初心者にはやや敷居が高いと感じられるかもしれません．しかしそのぶん余計なコストをかけずにコスト・パフォーマンスの良いものを届けたいという思いが感じられます．

Red Pitayaは国内の場合はMouserのほか，いくつかの通販サイトから購入でき，スターターキットは約35,000円です．以下参考までに，Red Pitaya社のHPへのリンクを掲載します．

http://www.redpitaya.com/

❷ Red Pitayaのハードウェア

Red Pitayaの主なスペックを紹介します．
• A-Dコンバータ：125 MHz，14ビット×2 ch

〈写真1〉 Red Pitayaの外観

〈図1〉メニュー画面

- D-Aコンバータ：125 MHz，14ビット×2 ch
- FPGA：Zynq-7010
  （デュアル・コアのARM Cortex-A9内蔵）
- RAM：512 Mバイト
- microSDカード：8 Gバイト（最大32 Gバイト）
- LANコネクタ，USBコネクタ

ここで紹介した製品はRed Pitaya STEMLab 125-14ですが，これ以外にもA-Dコンバータの分解能を10ビットに抑えた入門版や，付属品の違いなどにより，いくつかのバリエーションがあります．また最近では入力インピーダンスを50Ωにした SDR向けのものも出ているようです．

Red Pitayaは類似する価格帯の他社計測ボードと比較して，A-Dコンバータのサンプリング周波数，ビット精度とも高く，大きさは名刺サイズと小さく，搭載されているFPGAはザイリンクス社のZynq-7010と規模は小ぶりであるものの，ユーザが独自にFPGAの中身を定義して新たなメニューを追加できることが魅力であるといえます．

❸ Red Pitayaの開発フレームワーク

Red Pitayaは搭載されているソフトウェアにも特徴があります．Zynq内のARMマイコン上で小規模なLinux（Red Pitaya OS）が動作しており，更にそこにはNginxと呼ばれる小型軽量のウェブ・サーバが組み込まれています．このしくみをうまく利用すると，PCにアプリケーションをインストールすることなく，ウェブ・ブラウザで表示できる計測システムが作れます．

Red Pitayaの各メニューに対応するFPGAの定義ファイルとアプリケーション関連ファイルは，それぞれ別のフォルダに完全に分離されて格納されています．それらはメニューをクリックしたタイミングで自動的にFPGAにダウンロード（コンフィギュレーション）されたり，ウェブ・ブラウザに読み込まれたりします．

このようにアプリケーションごとにFPGAの定義が自由に変えられ，独立性が高い起動のしくみが公開されているので，Radio Catcher の開発では Red Pitayaをあたかも汎用FPGAボードのように利用できました．

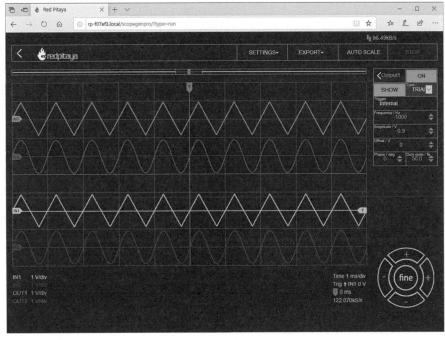

〈図2〉表示画面

❹ Red Pitayaの選定理由

Radio Catcherを開発するにあたり，少なくとも一般に広く使われている2.4 GHz帯無線LANの全チャネルを含む2400～2500 MHzを一度に観測したいと考えました．このためにはA-Dコンバータのサンプリング周波数としてA-Dが1チャネルの場合は200 MHz以上，2チャネルの場合は100 MHz以上あること，A-Dコンバータの分解能(ビット数)もできるだけ多い方が検出感度面で有利といえます．なお，実際にはアンチエイリアシング・フィルタ挿入のためには，十分な減衰量を得るための周波数マージンが必要です．

Red Pitayaが持つ125 MHz14ビット×2 chのA-Dコンバータは(余裕はありませんが)上記設計上の要求仕様を満たすことができます．

その他，電波環境をモニタする場面で想定される携帯性(大きさ，重さ，消費電力)や価格などを総合的に判断し，Red Pitayaを選定しました．

❺ カスタム・メニュー追加の方法

Red Pitayaにカスタム・メニューを追加するためには以下のファイルを準備する必要があります．
- FPGAの定義ファイル(ビット・ストリーム・ファイル)
- コントローラ・プログラム(C言語)
- ウェブ・ブラウザで実行されるJavaScript
- メニュー・アイコン等

これらのファイルは，Red Pitaya OS上に格納すべきフォルダ位置が決められており，規定のフォルダに矛盾なく格納すれば，Red Pitaya OSに自動的に認識されてメニュー画面にそのアプリケーションのアイコンが出現します．

具体的なファイルの作成方法や配置に関する情報は，Red Pitayaのメニュー画面から"Development"をクリックして，図3に示す開発者向けのサブメニューから得ることができます．そこにある"Sources"アイコンをクリックすると図4に示すGitHubにあるアプリケーション作成例の説明ページとソースを参照できます．ただしメニュー画面にあるアプリケーションのすべてのソースが公開されているわけではないようです．

以下にカスタム・メニューを作成する上で，私たちが気づいた点や苦労した点をいくつか書きたいと思います．

■ 5.1 何から始めたら良いか？

カスタム・メニューを組むためには，まずRed

〈図3〉開発者向けサブメニュー

Pitayaの特徴であるウェブ・サーバを通したデータ授受の作法を理解しなければなりません．この作法はJavaScriptで記述されるUI部分と，C言語で記述されるコントローラの両方で必要となり，本文に記載したようにそれぞれが送信側と受信側(またはその逆)の役割を受け持ちます．

具体的な理解のための近道は，開発者向けサブメニューにある"Create own WEB application"リンク先に示されているExamplesを自分で作り，ボード上のLEDを光らせたりすることだと思います．私はこれでデータの受け渡し方法を理解できました．

■ 5.2 GUIベースでのFPGA開発

Git（ギット）はプログラムのソース・コードなどの変更履歴を記録／追跡するためのバージョン管理システムです．開発者向けサブメニューGitで紹介されているアプリケーションは，テキスト・ファイルをコマンド・ライン・ベースのツールを使ってコンパイルしていく手法をとっています．このためFPGAの内部結線情報もすべてテキスト・ベースのVerilogで書かれています．この開発手法の良い点は管理すべきファイルのサイズが小さく，かつ変更前後の世代管理がファイルの差分を取ることにより容易に把握できることでしょう．Gitを使ったソース管理に向いています．

一方，最新のFPGA開発現場では，Xilinx社が提供する開発ツールである"Vivado"を使って，UI画面上でIPを呼び出し，マウスで結線していく方法が主流かと思います．この方法は管理すべきファイル容量が大きくなるものの，煩雑で不具合の混入しやすいAXIバスの結線やレジスタ・アドレス割り当てをツールが自動で行うため，間違いが起きにくくIPの設定変更もGUI上で簡単にできます．

当初はコマンドライン・ベースのサンプルを参考にしながらGUIで開発を進めていたので，フレームワークとの互換性に問題が発生しないか心配でした．しかし，入出力ピンの定義さえ間違わなければ，それ以外

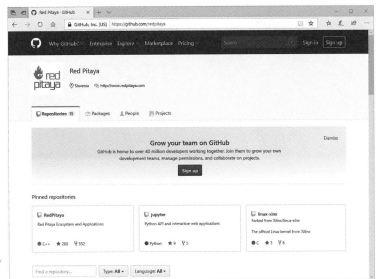

〈図4〉GitHubの画面(https://github.com/redpitaya/)

の部分，つまりシミュレーションから論理合成までは GUIベースで一貫して開発を行い，論理合成後に生成 されるビット・ストリーム・ファイルを前述のRed Pitaya所定のフォルダに配置すれば，メニューから問 題なく起動できることがわかりました.

5.3 コントローラ・プログラムの開発環境

コントローラ・プログラムは，Windows上で使い慣 れているエディタ(私の場合はVisual Studio Code)で 手早く制作し，WinSCPを使ってRed Pitaya OSに転 送した後，Red Pitaya OSのコンソールを開いてコン パイルするのが早いと思います. プログラム・サイズ が増加してくれば，Windows PC内にクロスコンパイ ル環境を作ろうと考えていましたが，今回そこまでの 規模には至りませんでした.

コントローラ・プログラムの制作にあたっては， Linux環境からFPGA内の物理レジスタやDRAMの 特定番地にアクセスするためにmmap()関数を使わな ければならないなど，C言語低レベル入出力関数の専 門的な知識が多少必要になります.

5.4 DRAM空間の共有

開発が進み，測定データを安定に取得できるように なると，FPGA領域に定義可能な小容量SRAMだけで は容量が不足し，DRAMに測定データを置きたくな ります. しかしRed Pitaya OSも同じDRAM上で動 いていますので，OSと測定データの住み分けが必要 になります. これはLinuxのブート・スクリプトを書 き換えることで実現できます.

幸いなことにRed Pitaya OSでは，ブート・スクリ プトはSDカードのFATパーティションにファイル 名"u-boot.scr"として存在しており，容易に書き換え て動作を試すことができます.

今回はブート・スクリプト中のsetenvパラメータを 変更してOSの使用領域を256 Mバイトに限定し，残 り256 Mバイトの領域を測定データ格納用に使用して います. A-D変換された測定データをFPGA内のユー ザ・ロジックがDRAMに格納するためには，Zynq に予め用意されているHPポートと呼ばれる高速なバ スにデータを流さなければなりません. そこで DRAMの負荷状況によっては，DMAコントローラと HPポートとの間にFIFOを追加する必要があります.

以上，カスタム・メニューを制作する場合の留意点 について説明しました. 本記事がこれから同様の開発 を考えている方の参考になれば幸いです.

6 まとめ

Red Pitayaについて紹介しました. Raspberry Piの ように多くの書籍がありませんので，本稿が少しでも 皆様の参考になればと思います. また，参考文献(1)に 詳しい使い方が掲載されていますので，ぜひともご参 照ください.

◆参考文献◆
(1) 安田 仁；「計測用 RF FPGA プロセッサ Red Pitaya で作る 1.8 M～30 MHzSDR トランシーバ」，トランジスタ技術2018年 9月号，pp.117～132，CQ出版社.

うすい・まこと　㈱国際電気通信基礎技術研究所 波動工学研究所 無線応用研究室
しみず・さとる　㈱国際電気通信基礎技術研究所 波動工学研究所 無線応用研究室

技術解説

Zynq UltraScale＋ RFSoC が変える
5G時代

リコンフィギャラブルな 1チップ無線FPGAと評価ボード
第1回 ARMとRF送受信機を内蔵したFPGA"RFSoC"

戸部 英彦
Hidehiko Tobe

❶ RFまで取り込んだリコンフィギャラブルなディジタル無線ICが登場！

■ 1.1 シリコンCMOS ICが 6GHzまでカバーする

昨今，RFの世界でも急速なディジタル化が進行しつつあるのは皆様ご存じのとおりです．周波数や変調方式をダイナミックに変化させることのない固定通信の装置ですら，設計が簡単だという理由でリコンフィギャラブルなディジタル・デバイスが多く使われるようになってきました．

かつての無線機設計は，ディスクリート部品を使って，素子のばらつきや温度特性を考慮しながら，フィルタ，ミキサやローカル発振器を回路設計していたので，知識と経験と工夫が求められる大変な作業でした．しかし，ディジタルになると設定一発で動作し，かつ高精度で高安定性な状態が簡単に得られるため，多くのアナログ設計者がディジタルの魅力に取り憑かれることと思います．

ただしミリ波，例えば5Gセルラー無線で使われる28GHz以上のRFデバイスは一般にGaAs（ガリウムヒ素）などの化合物半導体が主流であり，まだまだディジタルICでは扱いが難しい世界です．

一方で，6GHz以下のことを通称「サブロク」（サブ6GHz）と呼び，この周波数ならシリコンCMOSデバイスが十分に動作するのでディジタルの世界です．

図1は4G/5G携帯電話基地局などで使われるサブ6GHz帯リコンフィギャラブル無線機の一般的な構成例であり，ARMプロセッサ内蔵のFPGAと外付けのRFトランシーバなどで構成されています．

■ 1.2 サブ6GHz帯ディジタル無線ICの 二大潮流

サブ6GHz帯ディジタル無線の世界では二つの大きな潮流があります．

一つは，ザイリンクス社が提供する超高速ADC＆DACとARMプロセッサを内蔵したFPGAが一緒になった"RFSoC"（Radio-Frequency System-on-a-Chip）です．これを使うと図2のようにプロセッサと

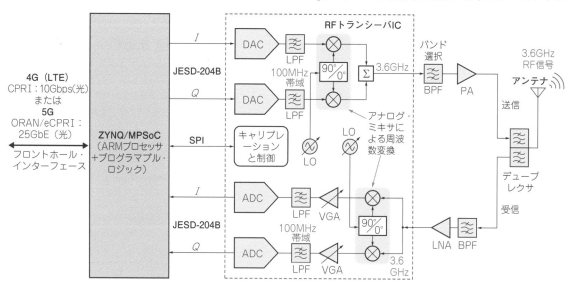

〈図1〉サブ6GHz帯リコンフィギャラブル無線機の一般的な構成例（移動体通信などの基地局）

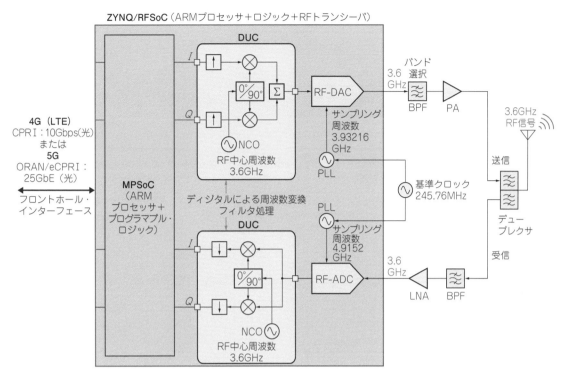

〈図2〉 RFSoCを採用したサブ6 GHz帯リコンフィギャラブル無線機の構成例（移動体通信などの基地局）

FPGAとRFトランシーバをワンチップで構成できます.

　もう一つはアナログ・デバイセズ社が提供するサブ6 GHz対応のRFトランシーバICです.

　本稿では，ザイリンクス社が提供する最新チップをご紹介し，RF分野におけるディジタルの進化を感じていただければと思います. また，次号以降でアナログ・デバイセズ社のものも紹介したいと思います. これら最新チップを搭載した評価ボードは開発リスクも無く，研究者の方々が多く使っています. 実際に動かした例も説明していますので，新しいことに挑戦する研究者の方々に多少でも参考になればと思います.

❷ ザイリンクス社"RFSoC"の紹介

■ 2.1 ADC/DACの性能

　表1は第3世代（Gen3）を含むRFSoCデバイスのラインナップです. Gen3になって6 GHzまで対応したことにより，日本の5Gセルラー周波数割り当て（図3）

でミリ波帯（28 GHz）を除く3.6 GHz帯と4.7 GHz帯をアナログ・ミキサなしでダイレクト・サンプリング可能になりました.

　図4はサンプリング周波数f_s，ナイキスト周波数f_N，ナイキスト帯域の関係を表したものです.

　内蔵の12ビットA-Dコンバータの最大サンプリング周波数f_sは5.0 GHzですが，サブ6 GHz帯を取り込むのに例えば$f_s＝4$ GHzとします. すると，なんと第3ナイキスト周波数（$3f_N$）まででサブ6 GHz帯をカバーします. これはアンダーサンプリングの技法であり，サンプル＆ホールド回路が高速であることによって実現できています.

　また，D-Aコンバータは14ビット分解能でサンプリング周波数が10 GHzです. 一般にD-Aコンバータでは，高調波（イメージ）を除去することに苦労します. これを逆手に取り，高調波を送信信号として使うテクニックがミックス・モードです. 高調波はsinc関数の特性となるため，第2ナイキスト帯域では残念ながら急激に特性が下がります. RFSoCではこのsinc

〈表1〉 Zynq UltraScale＋ RFSoC ポートフォリオ

項目	Gen 1	Gen 2	Gen 3
最大アナログ帯域幅	4 GHz	5 GHz	6 GHz
説明	ハードウェア・プログラマブルSoCにRFデータ・コンバータを統合したソリューション	ローカル5Gの4.7 GHz帯をサポート	拡張された周波数でサブ6 GHz帯のダイレクトRFをサポート
内蔵DAC	6.554Gsps×8または×16	6.554Gsps×16	10.0Gsps×8または×16
内蔵ADC	4.096Gsps×8または2.048Gsps×16	2.220Gsps×16	5.0Gsps×8または2.5Gsps×16

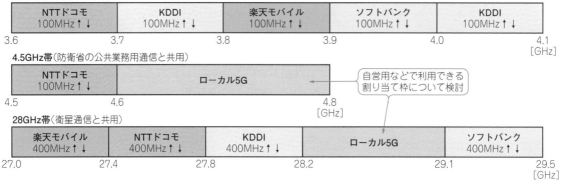

3.6GHz（衛星通信と共用）

NTTドコモ 100MHz↑↓	KDDI 100MHz↑↓	楽天モバイル 100MHz↑↓	ソフトバンク 100MHz↑↓	KDDI 100MHz↑↓

3.6　　　　　　3.7　　　　　　3.8　　　　　　3.9　　　　　　4.0　　　　　　4.1
[GHz]

4.5GHz帯（防衛省の公共業務用通信と共用）

NTTドコモ 100MHz↑↓	ローカル5G

4.5　　　　　4.6　　　　　　　　　　　　　　　4.8
[GHz]

自営用などで利用できる割り当て枠について検討

28GHz帯（衛星通信と共用）

楽天モバイル 400MHz↑↓	NTTドコモ 400MHz↑↓	KDDI 400MHz↑↓	ローカル5G	ソフトバンク 400MHz↑↓

27.0　　　　27.4　　　　27.8　　　　28.2　　　　　29.1　　　　29.5
[GHz]

〈図3〉日本の5Gセルラー周波数割り当て

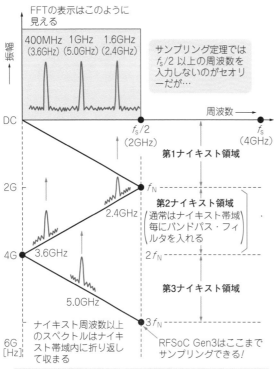

2.4GHz帯，3.6GHz帯，5GHz帯の三つのRF信号をA-Dコンバータによって4.0GHzでサンプリングして，FFTで表示する．

〈図4〉サンプリング周波数 f_S，ナイキスト周波数 f_N，ナイキスト帯域の関係

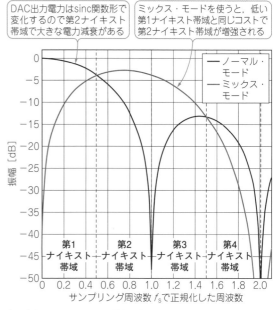

〈図5〉ミックス・モードを使うと第2ナイキスト帯域が増強される

特性を改良するミックス・モードが組み込まれています．**図5**のように第2ナイキスト帯域も使える特性になります．

このようなアンダーサンプリングやミックス・モードのテクニックを駆使することが，リコンフィギャラブルなICを使う上で必要です．これらのテクニックを忘れて，設定を誤ると「信号が来ない?!」などと一騒動するのはよくあることです．

■ 2.2 DDCとDUC

高速サンプリングであることを生かし，ミキサ＆フィルタのディジタル機能を追加することにより，アナログ回路を更にシンプルにする機能がDDC（Digital Down Converter）とDUC（Digital Up Converter）です．

図6はDDCを使ったディジタル受信機の構成例です．従来の方式は3系統の信号をアナログ的に周波数変換してそれぞれサンプリングします．一方，RFSoCは3系統の信号をまるごと高速サンプリングしてディジタル信号処理によって3系統の信号をそれぞれ取り出します．このようにアナログ回路が大きく削減できるので，ばらつきを考慮した設計が不要になり，部品点数の削減が製造コストを引き下げます．

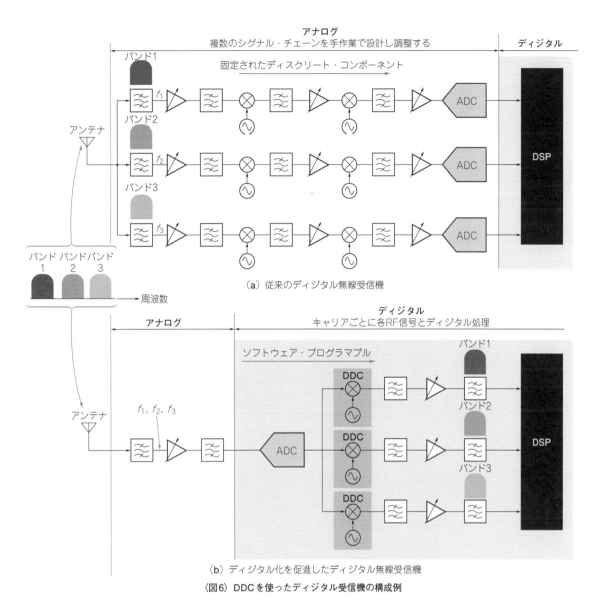

（a）従来のディジタル無線受信機

（b）ディジタル化を促進したディジタル無線受信機

〈図6〉DDC を使ったディジタル受信機の構成例

■ 2.3 ZCU111評価ボード

　ザイリンクス社のホーム・ページにはすでにGen3の評価ボードが掲載されており，入手できるようです．弊社ではGen1の評価ボードであるZCU111（**写真1**）を使っています．ZCU111はネットでUS＄8,995と価格が公表されており，一見非常に高額な気がします．しかしながら，超高速なA-D＆D-Aがそれぞれ8chも搭載されており，プロセッサ部はMPSoCと同様でGPUは内蔵していないものの，Linuxが動作する高機能な評価ボードです．

　ZCU111にディスプレイとキーボード＆マウスを接続すれば，別途ノートPC等のホスト・マシンを用意することなく，小型ボードのままで操作可能です．こ

のような諸条件を考慮すると，価格的には妥当と納得される方も多いと思います．**表2**にZCU111評価ボードの主な仕様を示します．

■ 2.4 GUIアプリでの操作例

　ZCU111には，ディジタル無線の開発に役立つGUIアプリケーションがあります．これを使えばメモリに波形をロードして再生したり，サンプリングしている波形を保存できます．

　弊社では100 MHz帯域の疑似5G信号を生成して，DACからADCへ同軸ケーブルでループバック接続して信号を通してみました．**図7**（p.97）がその疑似5G信号です．

　参考までに疑似5G信号の諸元を**表3**（p.97）に記しま

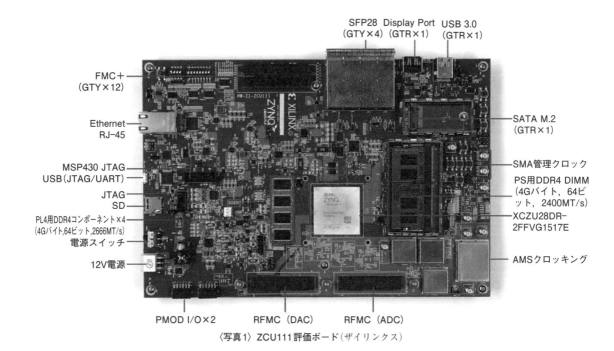

〈写真1〉ZCU111評価ボード（ザイリンクス）

SFP28 Display Port USB 3.0
（GTY×4）（GTR×1）（GTR×1）

FMC＋
（GTY×12）

Ethernet
RJ-45

MSP430 JTAG
USB（JTAG/UART）
JTAG
SD
PL4用DDR4コンポーネント×4
（4Gバイト,64ビット,2666MT/s）
電源スイッチ
12V電源

PMOD I/O×2   RFMC（DAC）   RFMC（ADC）

SATA M.2
（GTR×1）

SMA管理クロック
PS用DDR4 DIMM
（4Gバイト，64ビ
ット，2400MT/s）
XCZU28DR-
2FFVG1517E

AMSクロッキング

〈表2〉ZCU111評価ボードの主な仕様

項目	仕様
デバイス	XCZU28DR（ZYNQ RFSoC） • 4Gsps 12 ビット ADC×8 • 6.5Gsps 14 ビット DAC×8 • FEC×8
PLメモリ （ロジック用）	DDR4 メモリ（オンボード直付け），4G バイト，64 ビット，2666 MT/s
PSメモリ （プログラム実行用）	DDR4 メモリ（SO-DIMM），4Gバイト， 64 ビット，2400 MT/s
SFP28ポート	4個
LANポート	10/100/1000BASE-T，RJ-45コネクタ
その他	USB3.0, DisplayPort, SATA
FMC＋拡張コネクタ	高速シリアル（GTY）×12レーン
XM500付属カード	ADCやDACのアナログ信号用SMAコ ネクタ基板

す．この疑似5G信号は，復調してBER（Bit Error Rate）を計測するための信号品質の確認用です．5Gの規格通りの信号を生成して復調するとなると，フレーム構成（各種データ形式）に対応せねばならず多大な工数を要するので疑似としました．

❸ 設計環境"RFTOOL"

■ 3.1 二つの設計環境

前節で述べたようなGUIツールによる信号のプレイバック＆キャプチャは，ツールにその機能がありますので簡単に操作できます．ところが，無線処理をプログラミングするとなると，ハードウェア担当，ソフ

トウェア担当，アルゴリズム担当と数人で分担して設計を進める必要が出てきます．つまり，設計環境が重要になります．

ここでは二つの設計環境を解説します．一つはザイリンクス社が提供するGUIツール"RFTOOL"をベースとしてMATLABと接続する方法で，もう一つは"PYNQ"と名付けられたPython & ZYNQの設計環境です．PYNQはザイリンクス社によるオープン・ソースの設計環境です．今回はMATLABの設計環境をご紹介します．

RFSoCデバイスにはARM Cortex-A53が組み込まれており，Linuxが走ります．

ザイリンクス社が提供しているディスク・イメージをSDカードに書き込んでブートするだけで動作しま

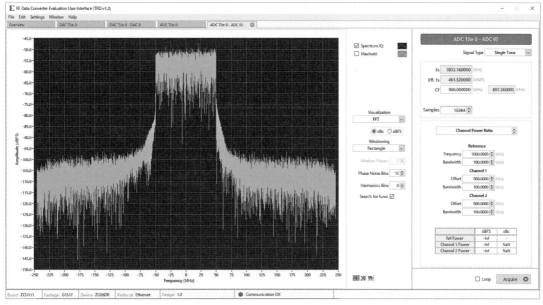

〈図7〉 生成した疑似5G信号（中心周波数900 MHz，スパン500 MHz）

〈表3〉 生成した疑似5G信号の諸元

項目	値など
中心周波数	900 MHz
帯域	100 MHz
サブキャリヤ間隔	60 kHz
FFTポイント数	2048
データ・キャリヤ数	1426本
CPキャリヤ数	240本
パイロット・キャリヤ数	382本
データ変調	16QAM
パイロット・キャリヤ変調	QPSK
OFDM長	17.7 μs

〈図9〉 Xilinx WikiのZynq UltraScale＋ RFSoC に関するページ

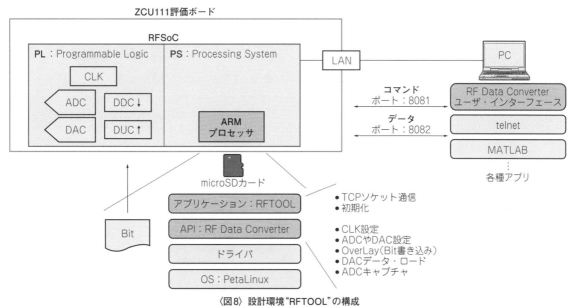

〈図8〉 設計環境 "RFTOOL" の構成

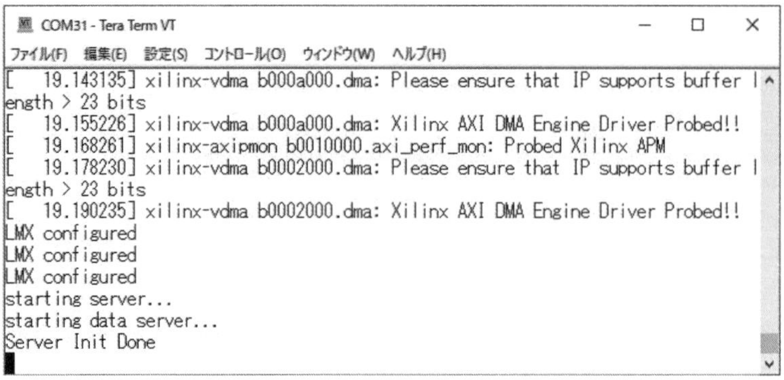

〈図10〉RFTOOLのブート・メッセージ

す．このイメージには下記の三つが用意されており，PCをLANで接続すれば，即プログラミングを開始できます．

- 小型のLinux OS：PetaLinux
- ADC，DAC，CLKなどの各種設定ライブラリ："RF Data Converter"（RFDC）
- サーバー・アプリケーション："RFTOOL"

第2.4節で解説したGUIアプリの操作例もこのSDカードを使っており，図8のような構成で動作しています．

■ 3.2 SDカードの準備

まずザイリンクス社の下記Wikiサイト（図9）にアクセスしてください．
https://xilinx-wiki.atlassian.net/wiki/spaces/A/pages/57606309/ZCU111+RFSoC+RF+Data+Converter+Evaluation+Tool+Getting+Started+Guide

ZCU111 Package Locations の項にある ZCU111 2019.2 のリンクをクリックして，下記ファイルをダウンロードします：
rdf0476-zcu111-rf-dc-eval-tool-2019-2.zip

これを解凍したら，imagesのパスにあるファイル・フォルダをすべてmicroSDカード（以下SDカード）にコピーします．購入したSDカードが32Gバイト以下のSDHCであれば通常FAT32でフォーマットされていると思います．そのままドラッグ＆ドロップでコピーしてください．64Gバイト以上のSDXCはexFATでフォーマットされているので，FAT32で再フォーマットしてからコピーしてください．ちなみに，PetaLinuxのファイル・システムはこのSDカードにはなく，ホスト・マシンのメモリ上にファイル・システムを展開して動作します．

SDカードをZCU111に入れて起動すると，ターミナルにブート・メッセージが表示されます．最後に"Server Init Done"（図10）が表示されていればRFTOOLが正常に起動しています．

● 3.2.1 GUIのコマンドとTCPポート

GUIのアプリケーション（RF Data Converter Evaluation User Interface）を始動して Window>Commands Log.. を表示すると起動するまでのログ（図11）が表示されます．Query はGUIから送ったコマンドで，Answer がZCU111から返ってきた応答です．この画面からコマンドを打ち込むこともできますし，Dumpすることもできるので，必要なコマンドを動かして確認しておきます．どのようなコマンドがあるかは，ユーザ・ガイド（UG269やUG1287）に詳細が記載されています．

このコマンドはTCPソケット通信なのでプログラムを書かなくとも telnet で簡単に確認できます．Windowsの場合，TeraTermでも telnet はできますが改行などの設定が面倒なため，Windows Subsystem for Linux のオプションを追加して，ストアからUbuntuをインストールして telnet を使いました．コマンドがポート番号8081で，データは同8082です．なお，先に8082を接続してから8081を接続することに注意してください．図の例では getmixersettings や getlog のコマンドを送り，その応答が返っています．また図12のようにターミナルにも応答が表示されます．

● 3.2.2 MATLABでのアクセス

TCPポートでソケット通信できることがわかったので，次は波形を取り込み，MATLABで表示したくなります．MATLABはTCPクライアントをサポートしていますので，簡単なスクリプトでコマンドの送信やデータ送受信が可能です．

tcpclientコマンドでポートを開いて，コマンド・ポート（8081）に write してコマンドを送ります．そして，データ・ポート（8082）に ReadDataFromMemory コマンドを送り，0.5秒待ってから read します．1回目の read でCh1のデータが読み込まれます．2回目に write/read するとCh2のデータが読み込まれます．

リスト1がそのスクリプトです．

信号発生器からは20MHzで0dBmの信号をCh1に

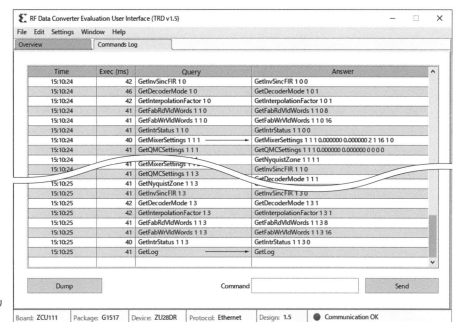

〈図11〉 GUIアプリ
ケーションのログ

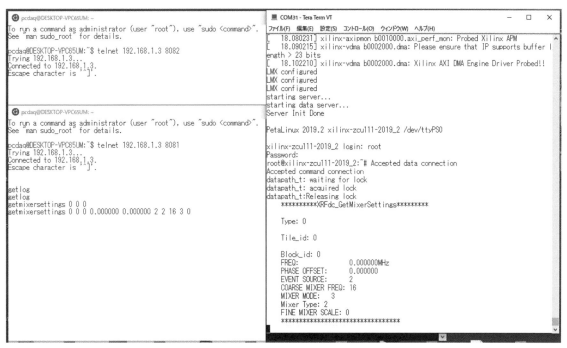

〈図12〉 telnetによる操作例とサーバ・プログラムのログ

入力しました．スクリプトではメモリから受け取った
データからCh1だけを抜き出して表示しています．

図13は20 MHzの正弦波をサンプリングしたデー
タをプロットしたものです．1周期は160サンプルな
ので，3.2 GHzでサンプリングしていることがわかり
ます．このスクリプトではサンプリング周波数を設定

していないので，デフォルト値としてこのサンプリン
グ周波数が設定されていることがわかります．

このようにザイリンクスが提供するRFTOOLを使
うことで，簡単にZCU111評価ボードを操作すること
ができます．

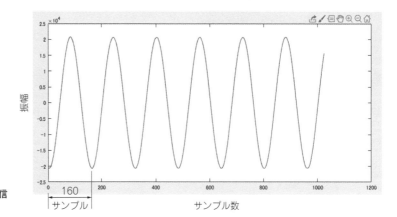

〈図13〉20 MHzの信号の時間軸表示

サンプル数

〈リスト1〉TCPポートで通信してデータを取り込むMATLABスクリプト

```
GetCh1Signal.m  ×  +
1      % Connect ZCU111
2    - t_data = tcpclient('192.168.1.3',8082);
3    - t_cmd  = tcpclient('192.168.1.3',8081);
4
5      % Send Command
6    - write(t_cmd,uint8(['SetLocalMemSample 0 0 0 1024' 13 10]));
7    - pause(0.5);
8    - char(read(t_cmd))
9
10   - write(t_cmd,uint8(['LocalMemInfo 0' 13 10]));
11   - pause(0.5);
12   - char(read(t_cmd))
13
14   - write(t_cmd,uint8(['LocalMemTrigger 0 0 1024 0x0001' 13 10]));
15   - pause(0.5);
16   - char(read(t_cmd))
17
18     % Read Signal
19   - write(t_data,uint8(['ReadDataFromMemory 0 0 4096 1' 13 10]));
20   - pause(0.5);
21   - SampleData = read(t_data);
22
23     % Read Signal and Plot Ch1
24   - [raw col] = size(SampleData);
25   - NumSample = fix(col/4)-1
26
27   - for n=1:NumSample*2
28
29   -     SampleIQ(n) = typecast([SampleData((n-1)*2+1),SampleData((n-1)*2+2)],'int16');
30
31   - end
32
33   - for p=1:NumSample/8
34   -     CH1(8*(p-1)+1:8*(p-1)+8)=SampleIQ(16*(p-1)+1:16*(p-1)+8);
35   - end
36
37   - figure(1);
38   - plot(CH1);
39
40     % Disconnect
41   - write(t_cmd,uint8(['disconnect' 13 10]))
42   - delete(t_cmd);
43   - delete(t_data);
44   - clear;
```

● 次号へつづく

　次回は，もう一つのPYNQベースの設計環境について説明します．また，MATLABから進化してSimulinkにデータを渡すプログラムも準備しており，無償で公開する予定です．

とべ・ひでひこ　㈱アイダックス 営業技術部

技術解説

水晶発振器の性能を凌駕しはじめた
MEMS発振器の実際

シリコンMEMS発振器の新常識

露口 剛司/榎本 峰人
Takeshi Tsuyuguchi/Takahito Enomoto

■1 はじめに

本誌読者であれば「発振器」や「振動子(発振子)」をご存じの方が多いことと思います. これらはタイミング信号を必要とするあらゆる電子機器に使用されています.

電子機器は, 内部回路を駆動し, 回路間の同期を取るためにクロック源を必要とします. このクロック源として一般的に利用されているのが発振器や振動子です. 多くの方々にとって, これらは水晶発振器や水晶振動子など, 水晶を素材としたデバイスというイメージでしょう. それは半分正しいです. 昔から, 水晶は「産業の米」といわれる半導体とともになくてはならない存在であり, タイミング・デバイスだけでなく, SAWデバイスやフィルタといった多くの水晶デバイスが産業の発展とともに, 現在も多くの水晶デバイスが使用されています.

近年, 5Gの導入により, ブロードバンド・インターネットやIoTの増強が可能となり, 自動運転や機器の遠隔操作, VR/AR(Virtual Reality Augmented Reality)といった「新たな市場が生まれること」「これまでつながっていなかった多数のモノがつながること」が期待されています. 一方, 装置や機器は, これまでと異なる設置環境(例えば, 車のような振動/衝撃が伝わりやすい, 温度の変動が大きい場所.), 要件を定義され, 装置や機器に搭載される電子部品はより信頼性が求められます. このような環境変化の中でより安定したタイミング信号を供給可能なデバイスとして, Si(シリコン)を素材とした, MEMS (Micro Electric Mechanical Device)の技術で製造する「Si MEMS発振器(シリコン メムス)」や「Si MEMS振動子」の売り上げが伸びてきています.

Si MEMSが評価されているのは, ①タイミング・デバイスが小型なこと, ②耐振動/衝撃性, ③温度特性, ④経年変化, ⑤信頼性といったポイントが従来のタイミング・デバイスと比較して良好なためです.

本稿では, Si MEMS発振器市場で90%以上のシェアを保有する米SiTime社(サイタイム)が保有するSi MEMS発振器の構造と動作原理, 製品特性, 製造プロセスなどについて説明します.

■2 SiTime Corporationについて

同社は2003年設立で, 米国に本社を置くSi MEMSタイミング・デバイスのリーディング・カンパニーです. 独Robert Bosch社がもつ信頼性の高いMEMS製造技術を受け継ぎ開発する独自のMEMS振動子に加え, 自社開発する高性能アナログCMOS ICをもつ企業です.

2014年に日本のファブレス 半導体メーカである㈱メガチップスのグループ会社となり, 2019年にNASDAQ Global Marketに上場しました.

■3 Si MEMS発振器の基礎知識

■ 3.1 内部構成

SiTimeのSi MEMS発振器は2006年に初めて市場に登場し, MEMS技術で製造されたMEMS振動子とアナログCMOS ICの二つのダイ(図1)で構成されています. どちらもSiTime社の自社設計であり, それゆえに外部からの振動や温度変化に伴う周波数の変動がほとんどない, PLLを使ったプログラマブル・クロック・デバイスでありながらも低ジッタと低位相ノイズを実現しています.

SiTimeのSi MEMS発振器は, 図2に示す524 kHzと48 MHzの2種類の振動子を製品仕様に合わせて使い分けています. 低周波数や低消費電流を実現する場合には低周波数の524 kHzのMEMS振動子を使用し, 低ジッタや高周波数を実現する場合には48 MHzのMEMS振動子を使用します. これら2種類の振動子とプログラマブル PLL ICの組み合わせで, 1 Hz～1.2 GHzまでの幅広い周波数範囲をカバーしています. 周波数分解能は70 ppt(70×10^{-12})(parts per trillion)で, 既定の範囲内ならどの周波数でもプログラムが可能です.

SiTimeはSi MEMS振動子の形状を工夫すること

MEMS発振器
プログラマブルCMOS IC
MEMS振動子
または
+
チャージ・ポンプ
サステイン回路
フラクショナルN方式PLL
分周器，ドライバ，I/O
CLK
CTRL
温度-ディジタル・コンバータ
温度補正
ワンタイム・プログラマブル・メモリ

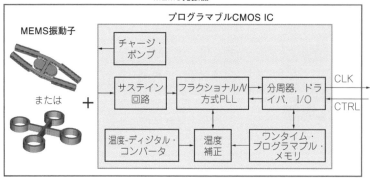

〈図1〉 SiTime社のSi MEMS発振器の構成

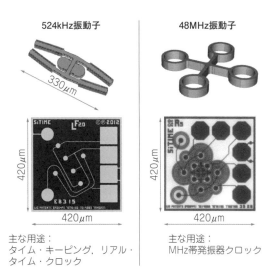

524kHz振動子
48MHz振動子
330μm
420μm
420μm
420μm
420μm
主な用途：
タイム・キーピング，リアル・タイム・クロック
主な用途：
MHz帯発振器クロック

〈図2〉 Si MEMS振動子(SiTime社)

g_m
V_{bias}
V_{drive}
I_{sense}
発振
ギャップ
ギャップ

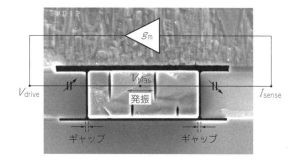

$$f_0 = \frac{1}{2\pi}\sqrt{\frac{k}{m}}$$

k：剛性（スチフネス），m：重量
f_0：発振周波数

写真2 Si MEMS振動子の動作原理

で，安定した振動モードを実現しました．基本周波数以外の高調波が生じないように設計することで「アクティビティ・ディップ」と呼ばれる周波数飛びの発生を抑制しています．

3.2 動作原理

Si MEMS振動子(**写真1**)は単結晶シリコンで形成されています．シリコンの引っ張り強度は7 GPa(ギガパスカル)で，引っ張り強度が330〜500 MPaのチタンに比べて14倍以上の強度をもっています．振動子の変位は，周囲の側壁とのギャップ長に対して1％未満と非常に微小な振動で動作しています．

写真2を見てください．Si MEMS振動子の動作原理は，水晶デバイスに特有の圧電効果を使った圧電駆動

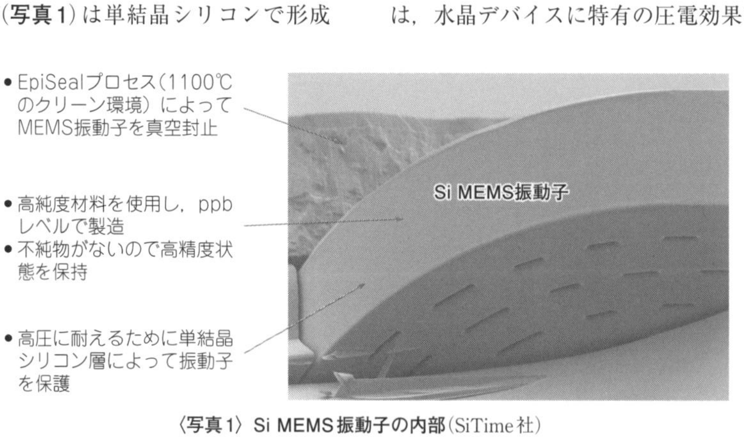

• EpiSealプロセス(1100℃のクリーン環境)によってMEMS振動子を真空封止
• 高純度材料を使用し，ppbレベルで製造
• 不純物がないので高精度状態を保持
• 高圧に耐えるために単結晶シリコン層によって振動子を保護
Si MEMS振動子

〈写真1〉 Si MEMS振動子の内部(SiTime社)

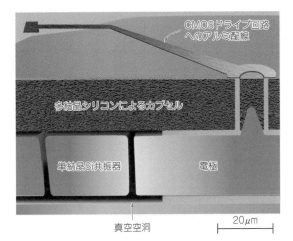

〈図3〉 Si MEMS振動子の断面構造

図中ラベル:
- CMOSドライブ回路へのアルミ配線
- 多結晶シリコンによるカプセル
- 単結晶Si共振器
- 電極
- 真空空洞
- 20μm

方式とは異なります. Si MEMS振動子と側壁の間に形成される微小な電極間ギャップに作用する静電気力（クーロン力）を使った静電駆動方式です.

Si MEMS振動子にCMOS IC側で生成されるバイアス電圧を加え，ドライブ端子側にはSi MEMS振動子の共振周波数と一致する電圧を与えることで電極間引力が発生し，振動子の振動により真空空間のギャップが前後することで静電容量が変化します. その変化量をセンス端子で電流変化として検出し，発振信号に変換しています.

図3はSi MEMS振動子の断面構造です. その製造には"Epi-Seal"と呼ぶプロセスを採用しています. 振動子は，多結晶シリコンの堆積による真空封止後に，1100℃の塩素と水素で清浄化します. この工程によって振動する空間にパーティクルなどの異物の残留を抑制でき，MEMS振動子の機械疲労を抑え，製品の信頼性を高める基となっています.

■ 3.3 高い信頼性

図4はSiTime Si MEMS発振器の不良発生率です. 信頼性にかかわる課題を解消したことによって，15億個以上を出荷した現在まで，Si MEMS振動子部分にかかわる不良を生じたことはありません. Si MEMS発振器の不良発生率は累積で0.58 ppmであり，水晶発振器の最高レベルの製品と比べて1/80以下です.

④ Si MEMS発振器のラインアップと 代表的な製品のハイライト

■ 4.1 ラインアップ

図5はSi MEMS発振器のラインアップです. 市場と機器のニーズに合わせ，汎用的に使用可能なMHz帯の製品や，時計用（32.768 kHz）を中心に，民生機器，産業機器，通信／ネットワーク機器，IoT／モバイル・

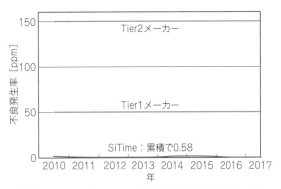

〈図4〉 SiTime社のSi MEMS発振器の不良発生率（自社調べ）

グラフ:
- 縦軸: 不良発生率 [ppm] 0〜150
- 横軸: 年 2010〜2017
- Tier2メーカー
- Tier1メーカー
- SiTime：累積で0.58

〈図6〉 Si MEMS発振器のパッケージ例

図中ラベル:
- モバイル&IoT: 1508 2012
- 全セグメント: SOT-23
- 全セグメント工業標準フットプリント: 2016 2520 3225 5032 7050
- MEMSダイ 0.4×0.4mm
- MEMS OCXO 9.0×7.0mm

ウェアラブル，オートモーティブ，航空／宇宙といった幅広い市場で使用可能なSi MEMS発振器をラインアップしています.

図6はSi MEMS発振器のパッケージ例です. 既存水晶発振器の互換パッケージだけでなく，MEMSテクノロジ（微細加工技術）を活かした世界最小クラスの小型パッケージや，実装信頼性の高いリード付きパッケージで提供され，2019年12月時点で1万社以上に累計15億個を出荷しています.

■ 4.2 MEMS Super-TCXOと Elite Super-TCXO

本節では5 G/IoT機器の導入により，長期安定性と高信頼性の両方が求められるインフラストラクチャ市場において，基準クロックとして市場展開されている超高精度温度補償Si MEMS発振器"MEMS Super-TCXO"の製品特性と，水晶発振器との特性比較，また，2020年に量産予定の高精度恒温槽Si MEMS発振器（MEMS OCXO）を概要を説明します.

MEMS Super-TCXOは，Elite Platformシリーズの製品群の一つで，発振器のうち周波数安定性が最も高いOCXO（高精度恒温槽発振器）の置き換えができるものです.

図7はElite Platformシリーズのラインアップです. これはSiTimeが定義する超高精度温度補償型Si MEMS発振器の総称で，通信／ネットワーク／インフラストラクチャ関連機器向けに開発した製品であり，

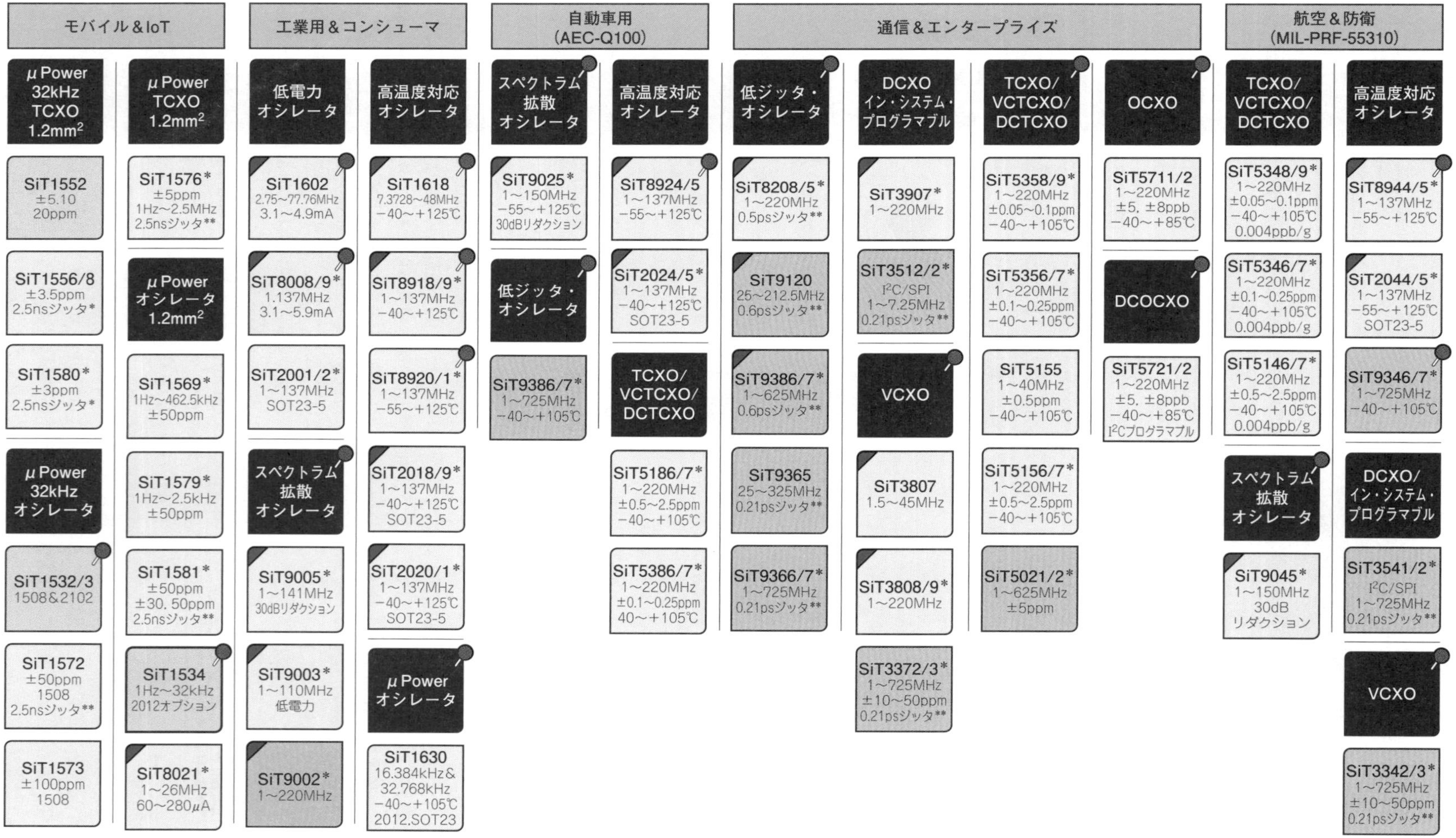

〈図5〉 SiTime社のSi MEMS発振器ラインアップ

市場セグメント別ラインアップ

航空&防衛 (MIL-PRF-55310)

高温度対応オシレータ
- SiT8944/5* : 1~137MHz, -55~+125℃
- SiT2044/5* : 1~137MHz, -55~+125℃, SOT23-5
- SiT9346/7* : 1~725MHz, -40~+105℃
- SiT3541/2* : I2C/SPI, 0.21psジッタ**
- SiT3342/3* : 1~725MHz, ±10~50ppm, 0.21psジッタ**

TCXO/VCTCXO/DCTCXO
- SiT5348/9* : 1~220MHz, ±0.05~0.1ppm, -40~+105℃, 0.004ppb/g
- SiT5346/7* : 1~220MHz, ±0.1~0.25ppm, -40~+105℃, 0.004ppb/g
- SiT5146/7* : 1~220MHz, ±0.5~2.5ppm, -40~+105℃, 0.004ppb/g

スペクトラム拡散オシレータ
- SiT9045* : 1~150MHz, 30dB リダクション

DCXO/インシステム・プログラマブル / VCXO

通信&エンタープライズ

OCXO
- SiT5711/2 : 1~220MHz, ±5, ±8ppb, -40~+85℃
- SiT5721/2 : 1~220MHz, ±5, ±8ppb, -40~+105℃, I2Cプログラマブル

DCOCXO

TCXO/VCTCXO/DCTCXO
- SiT5358/9* : 1~220MHz, ±0.05~0.1ppm, -40~+105℃
- SiT5356/7* : 1~220MHz, ±0.1~0.25ppm, -40~+105℃
- SiT5155 : 1~40MHz, ±0.5ppm, -40~+105℃
- SiT5156/7* : 1~220MHz, ±0.5~2.5ppm, -40~+105℃
- SiT5021/2* : 1~625MHz, ±5ppm

DCXO/インシステム・プログラマブル
- SiT3907* : 1~220MHz
- SiT3512/2* : I2C/SPI, 1~725MHz, 0.21psジッタ**
- VCXO
- SiT3807 : 1.5~45MHz
- SiT3808/9* : 1~220MHz
- SiT3372/3* : 1~150MHz, ±10~50ppm, 0.21psジッタ**

低ジッタ・オシレータ
- SiT8208/5* : 1~220MHz, 0.5psジッタ**
- SiT9120 : 25~212.5MHz, 0.6psジッタ**
- SiT9386/7* : 1~625MHz, 0.6psジッタ**
- SiT9365 : 25~325MHz, 0.21psジッタ**
- SiT9366/7* : 1~725MHz, 0.21psジッタ**

自動車用 (AEC-Q100)

高温度対応オシレータ
- SiT8924/5 : 1~137MHz, -55~+125℃
- SiT2024/5* : 1~137MHz, -40~+125℃, SOT23-5

TCXO/VCTCXO/DCTCXO
- SiT5186/7* : 1~220MHz, ±0.5~2.5ppm, -40~+105℃
- SiT5386/7* : 1~220MHz, ±0.1~0.25ppm, 40~+105℃

スペクトラム拡散オシレータ
- SiT9025* : 1~150MHz, -55~+125℃, 30dBリダクション

低ジッタ・オシレータ
- SiT9386/7* : 1~725MHz, -40~+105℃

工業用&コンシューマ

高温度対応オシレータ
- SiT1618 : 7.3728~48MHz, -40~+125℃
- SiT8918/9* : 1~137MHz, -40~+125℃
- SiT8920/1* : 1~137MHz, -55~+125℃
- SiT2018/9* : 1~137MHz, -40~+125℃, SOT23-5
- SiT2020/1* : 1~137MHz, -40~+125℃, SOT23-5

低電力オシレータ
- SiT1602 : 2.75~4.76MHz, 3.1~4.9mA
- SiT8008/9* : 1.137MHz, 3.1~5.9mA
- SiT2001/2* : 1~137MHz, SOT23-5

スペクトラム拡散オシレータ
- SiT9005* : 1~141MHz, 30dBリダクション
- SiT9003* : 1~110MHz, 低電力

μPower オシレータ
- SiT1630 : 16.384kHz & 32.768kHz, -40~+105℃, 2012,SOT23
- SiT9002* : 1~220MHz

モバイル&IoT

μPower 32kHz TCXO 1.2mm²
- SiT1552 : ±5,10, 20ppm
- SiT1556/8 : ±3.5ppm, 2.5nsジッタ*
- SiT1580* : ±3ppm, 2.5nsジッタ**

μPower TCXO 1.2mm²
- SiT1576* : ±5ppm, 1Hz~2.5MHz, 2.5nsジッタ**
- SiT1569* : 1Hz~462.5kHz, ±50ppm
- SiT1579* : 1Hz~2.5kHz, ±50ppm
- SiT1581* : ±50ppm, 30, 50ppm, 2.5nsジッタ**
- SiT1534 : 1Hz~32kHz, 2012オプション
- SiT8021* : 1~26MHz, 60~280μA

μPower オシレータ 1.2mm²

μPower 32kHz オシレータ
- SiT1532/3 : 1508&2102
- SiT1572 : ±50ppm, 1508, 2.5nsジッタ**
- SiT1573 : ±100ppm, 1508

凡例

- ○ NanoDrive(プログラマブル超低出力電力)
- ○ LVPECL/LVDS/HCSL出力
- ○ LVCMOS出力
- ▲ 水晶デバイスとピン互換
- Time Machine IIによる
- フィールド・プログラム可能

注 *: どんな周波数も小数点以下6桁までのプログラム可能.
** : RMS位相ジッタの積分値

DCXO : Digitally Compensated Oscillator, DCOCXO : Digitally Compensated OCXO,
DCTCXO : Digitally Compensated TCXO, OCXO : Oven Controlled Oscillator,
TCXO : Temperature Compensated Oscillator, VCTCXO : Voltage Controlled TCXO

〈表1〉 Elite Super-TCXOの製品概要

型名	安定性 グレード	温度安定性 [ppb]	周波数温度係数 [ppb/℃]	温度範囲 [℃]	用途
SiT5358/9	Sync-Grade	±50	<2	0～+70	IEEE1588のグランド・マスタやバウンダリ・クロックの OCXO置き換え.
SiT5356/7	Stratum 3+	±100	<3.5	−40～+105	IEEE1588のグランド・マスタやバウンダリ・クロックの TCXOやOCXO置き換え.
	Stratum 3	±250	<10		Stratum 3のTCXO置き換えおよび周波数同期用途
SiT5156/7	Standard	±500	<25		非周波数同期用途

Super TCXOs/VCTCXOs/DCTCXOs
- 1～220MHz, ±0.05～2.5 ppm, 最大+105℃
- ±3.5 ppb/℃, 最大105℃
- 衝撃, 振動, 急激な温度変化に対する迅速追従

超低ジッタXO(Ultra-low Jitter XO)
- 1～725MHz, 差動, −40～+105℃
- <0.02ps/mVの電源ノイズ・リジェクション
- I²C/SPIプログラマブル

超低ジッタVCXO(Ultra-low Jitter VCXOs)
- 10～725MHz, 差動, −40～+105℃
- <1%リニアリティ, 最大±3200ppm

超低ジッタDCXO(Ultra-low Jitter DCXO)
- 1～725MHz, 差動, −40～+85℃
- ±5ppt分解能, <1%直線性, 最大±3200ppm

ユーザー・プログラマブル・オシレータ
- 1～725MHz, 差動, −40～+85℃
- どの周波数モードからもI²CまたはSPIを通じて周波数を再プログラム可能

〈図7〉 Elite Platformシリーズのラインアップ

なかでも Elite Super-TCXO(**表1**)は, 通信基地局や通信基幹網の基準クロック源や IEEE1588 PTP (Precision Time Protocol)の同期クロックとして使える性能をもちます.

Elite Super-TCXO の周波数安定性は, −40～+105℃の動作温度範囲で±100 ppb, −20～+70℃の動作温度範囲においては±50 ppbと水晶ベースのOCXOに匹敵する特性をもちます. また, 水晶ベースのTCXOやOCXOと比較して, 温度変動や振動に対しても安定性が高く, 温度変化に対する安定性は, 1分間に10℃の温度上昇時に±0.001～0.005 ppm, 衝撃に対する安定性は, 0.0001 ppm/gと水晶発振器の性能よりも優れています.

5 水晶発振器を凌駕しはじめた Si MEMS発振器

■ 5.1 5Gは, より厳しい環境下での性能が求められる

通信ネットワーク装置は, さまざまな環境負荷状態においても, 高性能, 高信頼性, 高品質のサービスを提供する必要があり, タイミング・デバイスは, それを実現するための基準信号となるキー・デバイスです.

5G/IoT時代において, ネットワークの高密度化が進み, 通信ネットワーク装置は地下や道路, 屋根, 電柱など, あらゆる場所に設置されることが想定されています. また, 5Gの導入に伴い, スモール・セルや同期 Ethernet だけでなく, 通信インフラ装置はデータ転送量を向上するために, 消費電力の大きな部品を使用します. その結果, タイミング・デバイスは, 高温で, かつ絶えず変化する温度負荷, 衝撃/振動などの高負荷環境下に晒されます. そのため, 急激な環境下でも, 変化に対しダイナミックに追従できる性能をもつ高精度タイミング・デバイスが必要不可欠とされています.

しかし, 水晶ベースのタイミング・デバイスには大きな課題があります. それは温度変動に対する補正の収束スピードと補正分解能の性能です.

■ 5.2 水晶ベースTCXOとElite Super-TCXOの温度変化に対する安定性評価実験

図8は同じ基板(**写真3**)に水晶ベースの TCXO (±50 ppb)と Elite Super-TCXO(±100 ppb)を実装し, 冷却ファンによる風を同時に当てたときの周波数変化と, ヒートガンによる温風を同時に当てたときの周波数変化をそれぞれ確認したものです.

ファンによる冷却で31.5℃→28℃になったときの水晶発振器の周波数変動は+60 ppbとデータ・シートで補償されている規定値を越える結果となりました. 一方, EliteSuper-TCXOの周波数変動は+10 ppb以下でした.

また, 同様にヒート・ガンによる急激な温度変化時(31.5℃ → 48℃), 水晶発振器は−250 ppb, Elite Super-TCXOは−10 ppb以下という結果となりました.

水晶ベースのタイミング・デバイスの課題については先に述べたとおりですが, その理由の一つは水晶TCXOの構造にあります. 通常, TCXOはATカット水晶振動子が使用されます. このATカットは, 人工水晶のZ軸から35°15′の角度で切り出されており, 常温25℃を中心に, 広い温度範囲で安定した周波数(おおよそ±10～20 ppm)が得られることが大きな特徴です.

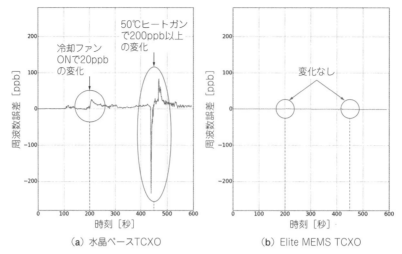

〈図8〉 水晶ベースTCXOとMEMS TCXOの温度変動に対する周波数安定性比較

一方，TCXOで要求される周波数安定度は，±1 ppm以下です．そのためTCXOには，水晶振動子の温度変動に追従し補正するための温度補償回路と，温度変動を検知するための温度センサが内蔵されています．

図9の右は水晶ベースTCXOの構造断面図です．ご覧のとおり，水晶振動子とCMOS ICとの間に空間があり，また，CMOS ICに温度センサが内蔵されています．本来であれば，水晶振動子の周りの温度変動に対して水晶振動子の特性が変化するため，水晶振動子の近くに温度センサを搭載するのが一番ですが，構造および物性の課題があり，少し離れた場所に配置されています．

一方，SiTimeのSi MEMSであるElite Super-TCXOは，MEMS振動子と温度センサの役割を担う振動子を同じSiウェハに200 μmの距離で実装しており，MEMS振動子の温度変動を瞬時に検知し，補正回路にフィードバックできるようにしています．この独自のアーキテクチャを"Dual MEMS"と呼んでおり，温度センサの特性は7 ppm/℃です．

■ 5.3 Elite Super-TCXOの温度補償

図10はElite Super-TCXOのブロック図です．Elite Super-TCXOは温度補償回路技術にも特徴を持って

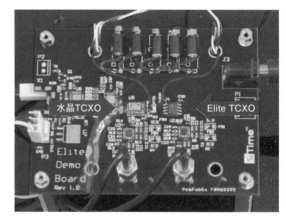

〈写真3〉 水晶ベースTCXO（±50 ppb）とElite Super-TCXO（±100 ppb）を同じ基板に実装して比較する

います．TDC（Temperature to Digital Converter）は，分解能が30 μKで，1 ppb/℃と水晶製品の10倍の温度分解能を持っています．

周波数変動を与える要因は，アラン分散にも影響します．アラン分散は，周波数の安定性を時間領域で規定した値で，発振器の周波数安定性の定量化に広く使われています．

図11を見てください．Elite Super-TCXOのアラン

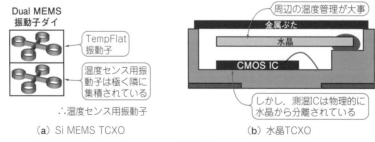

〈図9〉 Si MEMS TCXOと水晶ベースTCXOの構造比較

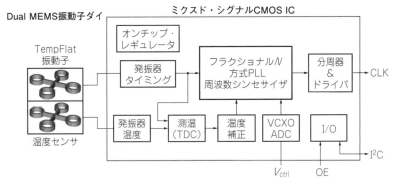

〈図10〉Elite Super-TCXOのブロック図

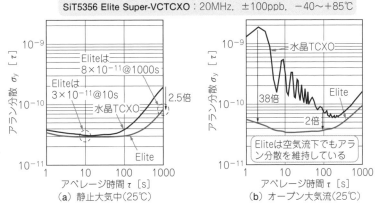

SiT5356 Elite Super-VCTCXO：20MHz，±100ppb，−40〜+85℃

（a）静止大気中（25℃）

（b）オープン大気流（25℃）

〈図11〉水晶ベースTCXOとElite Super-VCTCXOのアラン分散比較

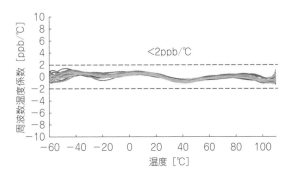

〈図12〉Elite Super-TCXOの温度変動に対する周波数温度係数

分散は10^{-10}（平均時間は1秒）と低く，急激な温度変化に対しても高速に補正処理を行います．アラン分散を1秒から1000秒の平均時間で計測したとき，Elite Super-TCXOは，水晶TCXOの最大38倍優れる結果となりました．

水晶発振器は内蔵温度センサで温度変化を検知し補正しますが，内部の水晶振動子と温度センサは離れており，温度変化は必ずしも一致しません．

Elite Super-TCXOは，振動子の温度センサが同じSiウェハ上に隣接しており，温度変化の特性が水晶発振器と比較して一致しやすく，CMOS ICに搭載され

る独自のアーキテクチャによって，高精度温度補正を実現しています．これらの技術によって，水晶発振器の課題を解決しています．

図12はElite Super-TCXOの温度変動に対する周波数温度係数（$\Delta f/\Delta t$）の変化です．

■ 5.4 Emerald OCXOと
　　　　水晶OCXOの比較

図13は高精度発振器における水晶発振器とSi MEMS発振器の位置付けです．

水晶OCXOも水晶TCXOと同様，熱や気流によって起こる熱衝撃のようなストレスによって周波数が変動します．SiTimeの高精度恒温槽Si MEMS発振器（MEMS OCXO）である"Emerald OCXO"は，Elite Super-TCXOと同様にDual MEMSと高精度温度補正回路を合わせ持ち，動作温度範囲−40〜+105℃において，優れた温度補正処理（±50 ppt/℃）を実現しています．

前述のとおり，Elite Super-TCXOは，①高負荷環境下においても高精度な温度補正処理を得ること，②OCXOと比較しサイズが小さいこと，③OCXOと比較して起動時間が早いことなどから，ローエンドの水

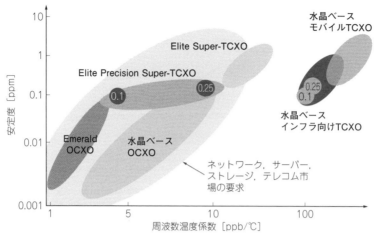

〈図13〉高精度発振器としての水晶発振器とSi MEMS発振器の位置づけ

〈表2〉Emerald OCXOとハイエンド水晶ベースOCXOの性能比較

項目	単位	Emerald	OX-400	OX-220	STP 2866A LF
メーカ	—	SiTime	Vectron	Vectron	Rakon
外形寸法	mm	9×7	20.7×13.1	25×22	25×22
温度安定性	ppb	±5	±5	±10	±10
消費電力	W	0.65	1	1.5	1.5
仕様温度範囲	℃	−40〜+105	−40〜+95	−40〜+85	−40〜+85
日次エージング	ppb/日	±1	±1	±0.5	±0.8 ppm/20年
長期エージング	—	±0.5 ppm/30年	±1 ppm/10年	±0.1 ppm/年	±0.8 ppm/20年
ウォームアップ時間	分	2	3	5	<5
ヘルス・モニタリング	—	Yes	No	No	No
信頼性	—	>100万時間	壊れやすい	壊れやすい	壊れやすい

晶OCXOからの置き換えが進んでいます.

そして，Emerald OCXOはElite Super-TCXOより更に高い周波数安定性をもち，より厳しい環境で使用されるハイエンドの水晶OCXOからの置き換えを進める製品です．サイズは9×7×6.5 mmで，従来の水晶発振器と比較し，面積比75 %，高さ40 %の小型化を実現します．また，周波数は1 M〜220 MHz（1 Hz刻み），温度特性は±5〜50 ppbの範囲から任意の組み合わせを選択可能です．**表2**はEmerald OCXOと水晶ベースOCXOの比較です．

現在，水晶タイミング・デバイスの課題による，信号品質の確保，振動および熱/気流設計の複雑さ，PCBボード上の配線設計など，動作信頼性を確保するための設計や検証に非常に多くの工数が費やされています．Si MEMS発振器は，この数年で目覚ましい発展を遂げ，水晶発振器のもつ幾多の課題を解決してきました．SiTimeは，Si MEMSタイミングのリーディング・カンパニーとして，水晶では実現できない製品とソリューションを提供しています．

6 評価ボードやプログラマの紹介

先にSiTimeのSi MEMS発振器はクロック制御に必要なパラメータをプログラムできる独自のアーキテクチャをもっていることを紹介しました．量産時は工場出荷時にご希望のパラメータを書き込んで出荷しますが，試作や評価向けにユーザ自身で1回だけ書き込みが可能なプログラマ"Time Machine II"（**写真4**）も用意しています．

設定可能なパラメータは周波数，出力信号タイプ，ドライブ強度等，全10項目（**表3**）です．

プログラムにかかる工程は，次のたった3ステップであり「ゼロ・リード・タイム」で作成できるのが特徴です．

(1) ブランクをソケットへマウントする
(2) 専用ツールを使ってパラメータ（**図14**）を選択する
(3) 書き込み（**図15**）

〈写真4〉 MEMS発振器プログラマ"Time Machine Ⅱ"

〈表3〉 プログラマで書き込み可能なパラメータ

項目	パラメータ	単位
周波数	1～725	MHz
周波数精度	±0.05, ±10, ±20, ±25, ±50	ppm
出力タイプ	LVPECL, LVDS, HCSL, CML, CMOS	—
周波数拡散幅	±0.25, ±0.5, ±1, ±2, −0.25, −0.5, −1, −2, −4 %	%
電源電圧	1.8, 2.5, 3.3	V
パッケージ・サイズ	1.5×0.8, 2.0×1.6, 2.5×2.0, 3.2×2.5, 5.0×3.2, 7.0×5.0	mm
動作温度範囲	−55～+125, −40～+85, −20～+70	℃
スイング・レベル	ノーマル, ハイ	—
ドライブ強度	8段階	—
コントロール機能	出力イネーブル, スプレッド・ディセーブル, スタンバイ	—

Part Number Generator

SiT8208　**Part Number Generator**

Frequency　20

Frequency Stability　⦿ ±20PPM　○ ±25PPM　○ ±50PPM

Temperature Range　⦿ -20 to 70　○ -40 to 85

Supply Voltage　⦿ 3.3V　○ 2.8V　○ 2.5V　○ 1.8V

Package Size　⦿ 2.5x2.0mm　○ 3.2x2.5mm　○ 5.0x3.2mm
○ 7.0x5.0mm

Feature Pin　⦿ Output Enable　○ Standby

Drive Strength　-

SiTime Part number is:
SiT8208AC-G1-33E-20.000000

OK　Cancel

〈図14〉 専用ツール"Part Number Generator"の設定画面

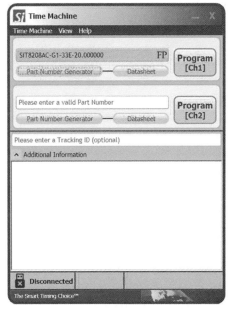

Time Machine

Time Machine　View　Help

SIT8208AC-G1-33E-20.000000　FP　Program [Ch1]

Part Number Generator　—　Datasheet

Please enter a valid Part Number　Program [Ch2]

Part Number Generator　—　Datasheet

Please enter a Tracking ID (optional)

∧ Additional Information

Disconnected

The Smart Timing Choice℠

〈図15〉 Time Machineの書き込み画面

❼ まとめ

　本稿では，タイミング・デバイスに求められる信頼性とその必要性，そして，米SiTime社のSiMEMS発振器の構造や動作原理，水晶発振器との特性比較を述べました．

　5Gによって，移動体通信基地局の整備の増強，ポータブル機器や，IoT機器といった移動体通信機器の普及が始まっています．これらの機器には，多くのタイミング・デバイスが使用され，なかでもミッション・クリティカルな装置や機器では，高負荷環境下においても安定したタイミング信号を供給できるタイミング・デバイスが必要不可欠です．

　5Gより前のタイミング・デバイスは，良好に管理

された環境で使用されてきました．しかし，これからは多くの機器が，タワー，屋上，街灯柱など，これまでと異なる環境下で設置され，タイミング・デバイスに求められる信頼性は，より高くなります．そのとき水晶ベースのタイミング・デバイスは，振動，温度変化，衝撃などの外部環境ストレスの影響を受けやすく，通信ネットワークの性能や稼働時間の低下につながり，先進運転支援システム（ADAS）等のミッション・クリティカルなサービスに影響を与える可能性があります．そのため今後 設計者は，MEMS発振器/水晶発振器/MEMS振動子/水晶振動子/セラミック振動子の中から，より最適なタイミング・デバイスを選定する必要があります．

■ メガチップス社のプロフィール

● 成長は変化なり．人間，変化を求めない限り成長はない．

　1980年代後半，世界を席巻した日本の半導体は，日米半導体貿易摩擦問題を起こし，米国の産業を衰退させるとまでいわれていました．そんな中，工場を中心とした生産力を競争力とするハードウェア偏重体質から，ファブレス形態（顧客の注文に合わせてLSIを設計し，生産は外部の半導体企業に委託する方式）こそが，今後半導体産業で生き残る鍵となると考え，1990年（平成2年）4月　大阪府吹田市で「システムLSIに特化した研究開発型のファブレス企業」として，日本で初めてのファブレス企業である㈱メガチップスを創業しました．そして，創業から「研究開発分野に経営資源を集中して，生産は外部委託する」という方針で多くの製品開発を受注，開発し，大転換を果たしました．

　1994年（平成6年）に日本合同ファイナンス（現JAFCO）から出資の申し出を受けたことを契機に，社内に株式公開準備チームを編成し，主幹事になる野村證券とあさひ監査法人とで準備を始め，経営原則の一つである「会社の成長と社員の幸せの一致」を実行するため，ストックオプション付与の体制作りに着手します．

「メガチップスの経営原則」
- 会社の発展と社員の幸せの一致を図る．
- 自主独立で発展する．

　上場目的の第1は，日本初のファブレス半導体企業として成功し，同じビジネス・モデルを目指すベンチャに良い先例を示すことでした．そして第2の目的は，ストック・オプションの第1号認定企業として，この制度を定着させて社会的責任を果たすこと，第3は会社の経営基盤を強固なものとし真に自立させることでした．

　1998年8月，店頭（現ジャスダック）市場に上場し，創業から社員とともに目指していた「自立」と「会社の成長と社員の幸せの一致」という経営原則を同時に実現できました．その後，2000年（平成12年）12月に東京証券取引所市場第1部への上場を果たしています．このように，いち早くストック・オプションの制度を導入するなど，人を重視し大切にする人材が資産という考え方は，創業間もないころ，自主路線か大手企業の傘下かという究極の選択を迫られた際に社員全員で議論し，確立したメガチップスの基本理念の一つです．この考え方は今も脈々と継承され，当事者意識を持って自らの意志で行動する自立型人材の育成や，社員の声を積極的に経営に取り入れる風通しのいい自由闊達な社風につながっています．

「メガチップスの経営理念」
- 「革新」により社業の発展を図り，
- 「信頼」により顧客との共存を維持し，
- 「創造」により社会に貢献し続ける存在でありたい．

● メガチップスの考える中長期的なビジョン

　次期の社会環境において，社会を支える超高速通信ネットワークが急速に拡大し，ますます豊かな情報化社会の実現が目前に迫るなか，技術競争力としてアナログ回路の開発／設計力の強化および国内／海外企業との戦略的な協業に取り組み，差別化できる付加価値の高いLSIソリューションを提供することによって，グローバル企業として車載／産業機器，通信インフラ分野向けに製品を展開しています．

　SiTimeは，Si MEMSタイミングのパイオニアとして，業界をリードしてきました．また，自社で開発するSiMEMS振動子およびアナログICによって，水晶ベースのタイミング・デバイスが持つ多くの課題（システム性能，製品設計，開発期間短縮，早期収益化，資材調達）を解決してきました．業界初のMEMSによる温度補償発振器（TCXO）は，最高水準のタイミング性能を提供し，あらゆる通信ネットワークにおいて，信頼性の高いオペレーションを行う機器に搭載されています．

　今後，無線技術や環境発電技術の革新によって，装置の小型化が進み，IoTを活用したサービスも期待されています．小型化，大量生産，高信頼性を得意とするSi MEMSタイミングは，近い将来，あらゆる電子機器には組み込まれ，知らない間に誰もが使う時代になるでしょう．

つゆぐち・たけし　㈱メガチップス　営業統括部SiTime製品 国内マーケティング
えのもと・たかひと　㈱メガチップス　営業統括部SiTime製品 国内FAE

Appendix

10MHz固定，100MHz固定，プログラマブル・デバイスの*C/N*を相互相関法で測定する
Si MEMS 発振器モジュールの位相雑音評価

森榮 真一
Shinichi Morisaka

SiTime 社の Si MEMS 発振器は PLL 周波数シンセサイザを内蔵したプログラマブル発振器です. 従来から水晶ベースで同様なプログラマブル発振器が各社から発売されており, SiMEMS 発振器は源発振をMEMSに置き換えたものです. 源発振のMEMS置き換えやPLL動作による位相雑音は, SiTime 社いわく位相雑音が十分に小さいのが特徴だそうです. MEMS発振器をRF通信機器のPLLのリファレンスや, ストレージ・デバイスのSATAなどディジタル高速伝送のリファレンス・クロックとして使う場合に, 位相雑音特性を考慮する必要が出てきます. そこで, その実力を実測して評価しました.

評価したのは, 次の3種類です:

- SiT5356AI-FQ-33N0-10.000000 :
  10MHz固定の発振器
- SiT9366AI-2BF-33N100.000000 :
  100MHz固定の発振器
- SiT5356AI-FQ-33E0 :
  周波数プログラマブルな発振器

10 MHzや100 MHzといった低い周波数は, スペアナの位相雑音測定モードでは正しい測定が困難なため, 相互相関法による位相雑音の測定機能を備えたローデ・シュワルツ社のFSWP50(**写真1**)を使用しました.

■ SiT5356(10 MHz固定)の測定結果

最初に, 10 MHzのSiT5356AI-FQ-33N0-10.000000の測定結果を紹介します. ローデ・シュワルツのFSWPシリーズは入力インピーダンスが50Ωであるのに対して, SiT5356の出力はハイ・インピーダンス負荷が前提となっているため, **図1**に示すようにシュミット・トリガ付きバッファを挿入しました. **図2**に位相雑音の測定結果およびデータ・シートに記載されたtyp.値を示します.

MEMS源発振から目的の10 MHzを生成するために, SiT5356内部にはPLL回路が内蔵されています. PLL回路のループ帯域が200 kHz前後であることが位相雑音の実測結果から推定されます.

またオフセット周波数が1 Hz～1 kHzの範囲では, MEMS源発振の位相雑音がそのまま現れていることがわかります. 1 Hz～1 kHzの範囲では, 安価な従来の水晶発振器と遜色ない位相雑音特性が得られている

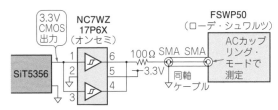

〈図1〉SiT5356(10 MHz固定)の測定回路

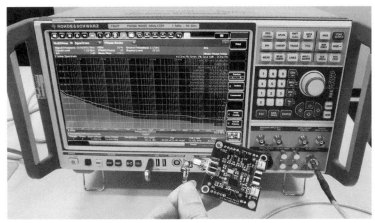

〈写真1〉FSWP50(1 MHz～50 GHz)を使ってSiT5356(10 MHz固定)を測定中のようす

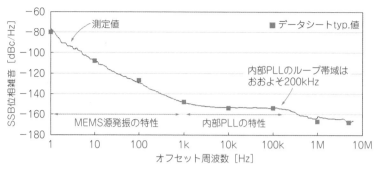

〈図2〉 SiT5356（10 MHz固定）の位相雑音測定結果

といえます[1]. 1 kHz～200 kHz付近では，内部のPLL回路に起因して位相雑音が大きくなっていますので，従来の水晶から置き換える際に，用途によっては，考慮する必要があると思います.

■ SiT9366（100 MHz固定）の測定結果

次に，100 MHzのSiT9366AI-2BF-33N100.000000の測定結果を紹介します. SiT9366AI-2BF-33N100.000000は図3に示すように，LVDS出力の片方を終端し，片方をFSWP50に接続して測定しました. 図4に位相雑音の測定結果を示します.

位相雑音の傾向は，10 MHz固定周波数のモジュールと同様でした. 内部PLL回路のループ帯域が200 kHz前後であることが位相雑音の実測結果から推定されます. オフセット周波数が1 Hz～1 kHzの範囲では，MEMS源発振の位相雑音がそのまま現れていることがわかります. 1 Hz～1 kHzの範囲では，安価な従来の水晶発振器と遜色ない位相雑音特性が得られているといえます[2].

1 kHz～100 kHz付近では，内部のPLL回路に起因する位相雑音が大きくなっているため，用途によっては，考慮する必要があります. なお，6 MHz付近で位相雑音が盛り上がっていますが，これは内部のPLL起因でスプリアスが発生していることが原因と見られます. 図5はスペアナ・モードで100 MHz近傍を観測し

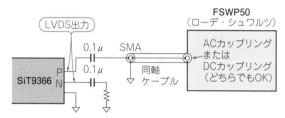

〈図3〉 SiT9366（100 MHz固定）の測定回路

た結果です. 100 MHzキャリヤから6.205 MH離れた周波数で，およそ－85 dBcのスプリアスが見られました. スプリアスは，図5にマーカで示しています.

SiT9366シリーズは内部でPLLを使うためキャリヤ近傍にスプリアスを発生させることがあるため，装置組み込みの事前に，スプリアス周波数とレベルを評価しておくとよいでしょう.

■ SiT5356を19.2 MHzに プログラムした場合の測定結果

周波数プログラマブルなSiT5356AI-FQ-33E0を19.2 MHzにプログラムした場合の測定結果を紹介します.

SiT5356AI-FQ-33E0の出力はハイ・インピーダンスで受けることが前提なので，図1に示したようにバッファを挿入して測定しました. 位相雑音の測定結果およびデータ・シートに記載された19.2 MHzのtyp.

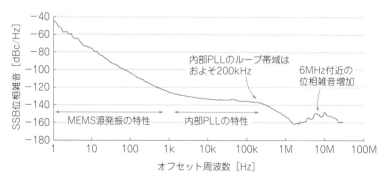

〈図4〉 SiT9366（100 MHz固定）の位相雑音測定結果

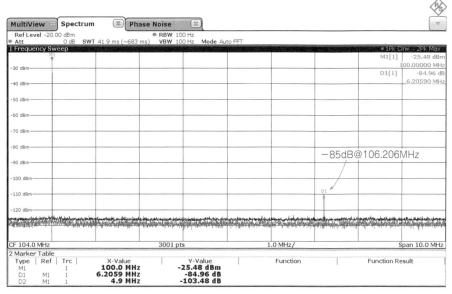

〈図5〉 SiT9366（100 MHz固定）の100 MHz近傍スペクトル（中心周波数100 MHz，スパン10 MHz，10 dB/div.）

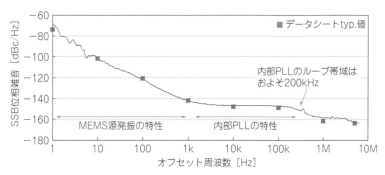

〈図6〉 SiT5356（19.2 MHzにプログラム）の位相雑音測定結果

値を図6に示します．

　位相雑音の傾向はSiT5356（10 MHz固定）と同様でした．PLL回路のループ帯域が200 kHz前後であることが位相雑音の測定結果から推定されます．オフセット周波数1 Hz～1 kHzの範囲では，MEMS源発振の位相雑音がそのまま現れていることがわかります．1 Hz～1 kHzでは，安価な従来の水晶発振器と遜色ない位相雑音特性が得られているといえます．1 kHz～100 kHz付近では，内部のPLL回路に起因して位相雑音が大きくなっているので，水晶から置き換える際に，用途によっては考慮する必要があります．

　目立ったスプリアスは見られませんでしたが，設定周波数によってはスプリアスを生じる場合があるため，装置組み込みの事前に，スプリアス周波数とレベルを評価しておくとよいでしょう．

謝辞

　本稿の執筆用にサンプル・デバイスとプログラマをご提供いただいた㈱メガチップス，また測定機材をご貸与いただいたローデ・シュワルツ・ジャパン㈱に誌面を借りて感謝申し上げます．

◆参考文献◆

(1) Kyocera International Inc. Electronic Components；KC2520K10.0000C1GE00データ・シート
https://global.kyocera.com/prdct/electro/product/pdf/clock_k_e.pdf

(2) IQD Frequency Products；LFSPXO022731BULKデータ・シート
https://www.iqdfrequencyproducts.com/products/pn/LFSPXO022731Bulk.pdf

もりさか・しんいち

技術解説

プロの要求に応じられるUSB接続型VNA

Copper Mountain Technologies社 VNAの使用レポート

市川 裕一
Yuichi Ichikawa

　21世紀に入ってから，携帯電話を始めとして，身の回りのさまざまな電子機器の軽薄短小化が急速に進んでいます．そんな中，高周波測定器にも，小型で軽く，場所を取らず，かばんに入れて簡単に持ち運びできるものが増えています．

　私も以前は**写真1**のような測定机に大きな測定器をでんと積み上げて，自己満足に浸っていました．導入する測定器のほとんどが中古の測定器のため，必然的に大きくて重いものが中心になってしまうという理由もありましたが….

◼ Copper Mountain Technologies製VNAとの出会い

◼ 永年の相棒 "HP8753D" の使い勝手に不満を感じるようになってきた

　高周波測定にベクトル・ネットワーク・アナライザ_{Vector Network Analyzer}（VNA）は無くてはならないものです．1999年に開業したときから，中古のHP8753D（**写真2**）をずっと使っていました．会社勤めのときから使い慣れたHewlett Packard社のVNAなので，測定に関しては大きな不満はありませんでした．

　当初，データ出力にはペン・プロッタを使用していました．また，Sパラメータのような測定データを取り込む時は，フロッピー・ディスクに保存して，パソコンに取り込んでいました．しかし，徐々にプロッタのペンが入手困難になり，フロッピー・ディスクを見かけることも少なくなり，少しずつですが測定に不便を感じるようになりました．

　いろいろな所で，USBインターフェースを備えた最新のVNAに触れ，データ出力や取り込みの手軽さを知ってしまうと，もっと使い勝手の良いVNAが欲しいという思いが大きくなってきました．

　また，普段の測定作業の中で，測定対象に合わせて，測定系の組み換えや配置換えが必要になります．そして，もっと軽くて小さい測定器が欲しいという欲求が日を追って大きくなってきました．

◼ 海外雑誌の広告で一目惚れ

　そんな時，Microwave Journal や Microwaves & RFといった海外の雑誌で，USBでパソコンに接続して使う測定器をよく目にするようになりました．その中でもとくに気になったのが，米国 Copper Mountain Technologies 社（以下，CMT）のVNA"S5048"です．Microwave Journal 2013年3月号に掲載された広告（**写真3**）をみて，直ぐにCMTのサイトで仕様等を確認し，強く「欲しい」と思いました．

　仕様上は上限周波数が4.8 GHzで，HP8753Dの6 GHzよりも低いのですが，当時請けていた仕事の関係で，低周波側が20 kHzまで測定できるのも重要な

〈写真1〉以前の測定机は大きな測定器で占められていた

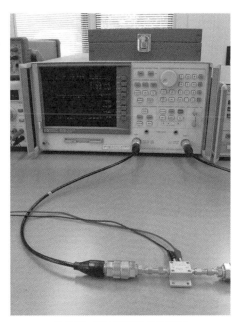

〈写真2〉 永年の相棒"HP8753D"

〈写真3〉 Copper Mountain Technologies社のUSB接続型
VNA"S5048"の広告(Microwave Journal 2013年3月号)

（a）フロント・パネル

（b）上から見たサイズ

〈写真4〉 広告を見てから1年後にようやく導入できたS5048(20 kHz～4.8 GHz)

ポイントでした(HP8753Dは30 kHz). カタログ上の
価格はUS＄9,995でした. 他社のフルサイズのVNA
と比較すると, 1/3以下程度という安い値段(とはいっ
ても高価ですが)で, しかもタイム・ドメイン機能まで
無償で付いています.

　広告を見てから1年後, ようやく導入できました.
S5048(写真4)に加え, 自動校正モジュールACM6000T
Automatic Calibration Module
(300 kHz～6 GHz, US＄2,235, 写真5)も一緒に導入
しました.

　Copper Mountain Technologiesは, 2011年にアメ
リカのインディアナ州に設立されました. ロシアの研
究者が中心になって設立されたので, VNAの製造拠
点はアメリカではなくロシアにあります. 導入する際

〈写真5〉 自動校正モジュールACM6000T(300 kHz～6 GHz)

〈写真6〉外箱に印刷された"MADE IN RUSSIA"の文字

に，ドイツ製やアメリカ製ではなく，西側と対峙する<ruby>対峙<rt>たいじ</rt></ruby>ロシア製"MADE IN RUSSIA"（**写真6**）というところにも，ちょっとワクワクし，心がくすぐられました．

■2 各社からUSB VNAが続々登場！

ここ数年，主要な計測器メーカ各社，そしてCMTのようにあまり知られていないメーカからも，さまざまなUSB接続型VNA（以下，USB VNA）が出されています．CMTを筆頭に，さまざまなメーカのUSB VNAの仕様等の比較を**表1**に示します．仕様や性能は，ピンからキリまで，いろいろなものがあります．価格も，安いものから高価なものまで，いろいろなものがあります．安物買いの銭失いにならないように，選ぶ際には注意が必要です．

さらに，USB VNAの場合，操作するソフトウェアの使い勝手や機能も重要です．使い勝手が悪いと，スムーズな操作ができず，測定に時間がかかってしまいます．USB VNAを導入する際には，ソフトウェアの使い勝手もしっかり確認することをお勧めします．

今使っているCMTのVNA操作ソフトウェアは非常に使い勝手がよく，HP8753シリーズなど，HP，アジレント，キーサイト社などのVNAを使い慣れている方であれば，マニュアルを読まずにすぐに操作できると思います．ご参考までに**図1**はLPFを測定中の画面例です．

CMTのCompact VNAは，コンパクトであることに変わりはないのですが，仕様周波数帯によって形状が少し異なります．S5048，S5085，S5180，この3製品の外観を**写真7**に示します．

S5048は小さくて軽いので，ノート・パソコン＋S5048＋ACM6000Tが一つのかばんに難なく収まるので重宝しています．

なお，CMT社にはSシリーズのほかに，CシリーズやMシリーズもあります．これらの違いを**表2**に示します．

現在CMTの国内代理店は，千葉県船橋市にあるT-Plus㈱（http://tplus-co.com/）です．為替レートによって価格は変動するので，ご興味ある方は**表1**の価格を参考に，同社に問い合わせてみてください．

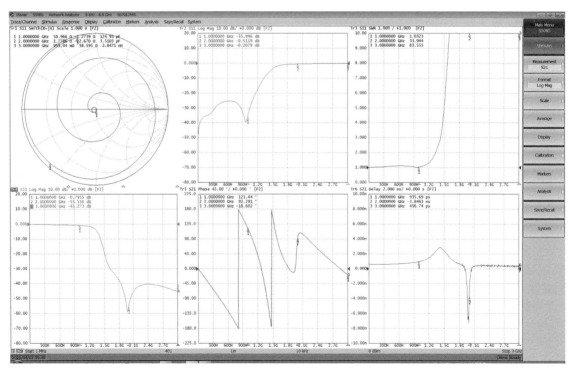

〈図1〉CMT社VNAの操作ソフトウェア画面（LPF測定の例）

〈表1〉 さまざまなメーカのUSB接続型VNAの仕様

メーカ	型番	周波数範囲	ダイナミック・レンジ (@IFBW)	出力パワー	測定ポイント数	サイズ (L×W×H)	重さ	価格	備考
Copper Mountain Technologies	S5048	20 kHz～4.8 GHz	123 dB typ.@10 Hz	-50～+5 dBm	2～200001	267×160×44 mm	1.3 kg	US$9,995.00	タイム・ドメインあり
	S5065	9 kHz～6.5 GHz	130 dB typ.@10 Hz	-55～+5 dBm	2～200001	297×160×44 mm	1.7 kg	US$12,995.00	タイム・ドメインあり
	S5085	9 kHz～8.5 GHz	130 dB typ.@10 Hz	-55～+3 dBm	2～200001	297×160×44 mm	1.7 kg	US$14,495.00	タイム・ドメインあり
	S5180	100 kHz～18 GHz	135 dB typ.@10 Hz	-40～+6 dBm	2～200001	360×200×65 mm	3.8 kg	US$23,995.00	タイム・ドメインあり
	M5065	300 kHz～6.5 GHz	130 dB typ.@10 Hz	-55～+5 dBm	2～200001	297×160×44 mm	1.7 kg	US$8,795.00	
	M5090	300 kHz～8.5 GHz	130 dB typ.@10 Hz	-55～+3 dBm	2～200001	297×160×44 mm	1.7 kg	US$10,795.00	
	M5180	300 kHz～18 GHz	130 dB typ.@10 Hz	-40～+6 dBm	2～200001	360×200×65 mm	3.8 kg	US$18,795.00	
	C1209	100 kHz～9 GHz	152 dB typ.@10 Hz	-60～+15 dBm	2～500001	425×235×96 mm	5.5 kg	US$22,495.00	タイム・ドメインあり
	C1220	100 kHz～20 GHz	133 dB typ.@10 Hz	-60～+10 dBm	2～500001	430×440×140 mm	14 kg	US$38,995.00	タイム・ドメインあり
キーサイト	P5000A	9 kHz～4.5 GHz	140 dB typ.@10 Hz	-60～+10 dBm	-	333×176×48 mm	1.88 kg	3,309,354円	参考価格
	P5001A	9 kHz～6.5 GHz	140 dB typ.@10 Hz	-60～+10 dBm	-	333×176×48 mm	1.88 kg	3,843,203円	参考価格
	P5002A	9 kHz～9 GHz	140 dB typ.@10 Hz	-60～+10 dBm	-	333×176×48 mm	1.88 kg	4,394,534円	参考価格
	P5003A	9 kHz～14 GHz	140 dB typ.@10 Hz	-60～+10 dBm	-	333×176×48 mm	1.88 kg	6,124,363円	参考価格
	P5004A	9 kHz～20 GHz	140 dB typ.@10 Hz	-60～+10 dBm	-	333×176×48 mm	1.88 kg	7,242,406円	参考価格
アンリツ	MS46122B-010	1 MHz～8 GHz	100 dB	-20～+5 dBm	16001 max.	198×328×61 mm	2.2 kg	-	
	MS46122B-020	1 MHz～20 GHz	100 dB	-20～-3 dBm	16001 max.	198×328×61 mm	2.2 kg	-	
	MS46322B-010	1 MHz～10 GHz	100 dB	-20～+5 dBm	16001 max.	590×484×108 mm	11 kg	-	
	MS46322B-020	1 MHz～20 GHz	100 dB	-20～-3 dBm	16001 max.	590×484×108 mm	11 kg	-	
	MS46522B-010	50 kHz～8.5 GHz	140 dB	-30～+10 dBm	20001 max.	442×445×152 mm	11 kg	-	
	MS46522B-020	50 kHz～20 GHz	140 dB	-30～+7 dBm	20001 max.	442×445×152 mm	13 kg	-	
テクトロニクス	TTR503A	100 kHz～3 GHz	122 dB	-50～+7 dBm	-	285.8×206.4×44.5 mm	1.59 kg	¥1,340,000	
	TTR506A	100 kHz～6 GHz	122 dB	-50～+7 dBm	-	285.8×206.4×44.5 mm	1.59 kg	¥1,790,000	
Pico Technology	PicoVNA 106	300 kHz～6 GHz	118 dB typ.@10 Hz	-20～+6 dBm	10001 max.	286×174×61 mm	1.85 kg	US$5,995.00	
MegiQ	VNA-0440	400 MHz～4 GHz	-	-30～+5 dBm	20001 max.	-	-	€2,860.00	
	VNA-0460	400 MHz～6 GHz	-	-30～+5 dBm	20001 max.	-	-	€3,690.00	
Transcom Instruments	T6 VNA	1 MHz～6.5 GHz	121 dB typ.@10 Hz	-50～+5 dBm	2～10001	290×180×50 mm	2.3 kg	-	

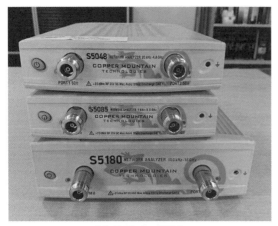

（a）フロント・パネル

（b）上から見たサイズの違い

〈写真7〉 S5048，S5085，S5180の外観

❸ CMT製VNAの実力

　カタログに載っている仕様だけでは，実力のほどがわかりません．また，他社のUSB VNAと比較して性能が良いか悪いかもわからないので，実際に測定してみることにしました．

　CMT製のVNAはS5085を使い，自動校正モジュールACM2509（20 kHz〜9 GHz，**写真8**）と組み合わせて

〈写真8〉自動校正モジュールACM2509（20 kHz〜9 GHz）

〈表2〉Sシリーズ，Cシリーズ，Mシリーズの違い

機能	Sシリーズ	Mシリーズ （廉価版）	Cシリーズ （高性能版）
タイム・ドメイン機能	あり	なし	あり
周波数オフセット機能	あり	なし	あり
4ポート・モデル	なし	なし	あり
周波数拡張モデル	なし	なし	あり

測定しました．また，比較対象となるUSB VNAには，某所で借用できたアンリツ製のVNA，MS46122A-010（1 MHz〜8 GHz，**写真9**）を使い，USB SmartCALモジュールMN25208A（300 kHz〜8.5 GHz，**写真10**）と組み合わせて測定しました．比較対象となるMS46122A-010は，残念ながらすでに製造中止であり，**表1**のMS46122B-010がその後継機種です．MS46122A-010の仕様を**表3**に示します．

　市販のアンプやフィルタを測定しても，結果に大きな差は出ないと思われます．そこで，いろいろな製品等の測定で重要になる，VNAのダイナミック・レンジに関係する部分を測定してみようと思いました．測定対象として用意したのは，**写真11**に示すキーサイト製のステップ・アッテネータ（8495B，DC〜18 GHz，70 dB）です．これだけでは減衰量が小さいので，ヒロセ製の10 dBや20 dBの固定アッテネータも用意し，最大100 dBまで10 dBステップで減衰量を変え，減衰量を大きくしていったとき，どこまでちゃんと測れるのかを試してみました．なお，ポート出力電力の設定を−20 dBmにしたときは，減衰量70 dBまで測定しました．測定条件は以下のとおりです．

- 測定周波数範囲：1 MHz〜8 GHz
- ポート出力：−3 dBm，−20 dBm
- IF BW：1 kHz　※校正時
- アベレージング：なし　※校正時

❶ S5085＋ACM2509の測定結果

- ポート電力：−3 dBm，IF BW＝1 kHz（**図2**）
- ポート電力：−3 dBm，IF BW＝10 Hz（**図3**）
- ポート電力：−20 dBm，IF BW＝1 kHz（**図4**）
- ポート電力：−20 dBm，IF BW＝10 Hz（**図5**）

〈写真9〉USB接続型VNA MS46122A-010（1 MHz〜8 GHz，アンリツ）

〈写真10〉USB Smart CAL モジュール MN25208A（300 kHz ～8.5 GHz, アンリツ）

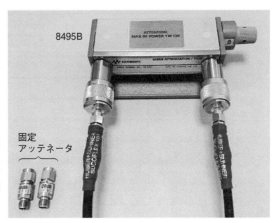

〈写真11〉 測定対象として用意したステップ・アッテネータ 8495B（DC ～18 GHz, 70 dB, キーサイト）

〈表3〉 MS46122A-010の仕様（アンリツ）

項目	値など
周波数範囲	1 MHz～8 GHz
ダイナミック・レンジ	100 dB
出力パワー	Low：－20 dBm High：－3 dBm
測定ポイント数	16001 max.
サイズ（$L \times W \times H$）	198×328×61 mm
重さ	2.2 kg

図2では減衰量が70 dBを越えるとノイズの影響が次第に大きくなっています. 減衰量で80 dBくらいがこの条件での測定限界です. 一方, IF BWを10 Hzに設定した図3では, 減衰量が100 dBになるとノイズの影響が多少大きくなっていますが, 何とか測れています. したがって, IF BWを1/100にした分だけ, つまり20 dBの特性改善がちゃんと表れています.

ポート電力を－20 dBmに下げた図4では, 減衰量

が50 dBを越えるとノイズの影響が次第に大きくなっています. 減衰量で60 dBくらいがこの条件での測定限界です. 一方, IF BWを10 Hzに設定した図5では, 減衰量が70 dBもちゃんと測れていて, IF BWを1/100にした効果がしっかりと確認できます.

2 MS46122A＋MN25208A の測定結果

- ポート電力：－3 dBm, IF BW＝1 kHz（図6）
- ポート電力：－3 dBm, IF BW＝10 Hz（図7）
- ポート電力：－20 dBm, IF BW＝1 kHz（図8）
- ポート電力：－20 dBm, IF BW＝10 Hz（図9）

図6では, S5048と同様に減衰量が70 dBを越えるとノイズの影響が次第に大きくなっています. 減衰量で75 dBくらいがこの条件での測定限界ですが, 一点気になる所があります. それは最も周波数の低い1 MHz付近での, 特性の大きな乱れです. 一方, IF BWを10 Hzに設定した図7では, ノイズの影響は図6

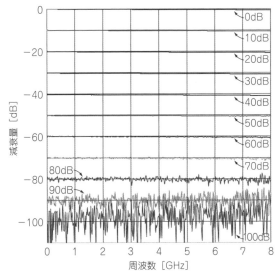

〈図2〉S5085＋ACM2509の測定結果（－3 dBm, IF BW＝1 kHz）

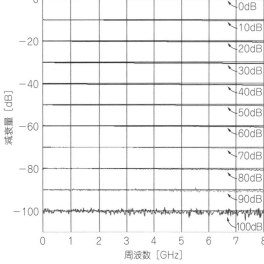

〈図3〉S5085＋ACM2509の測定結果（－3 dBm, IF BW＝10 Hz）

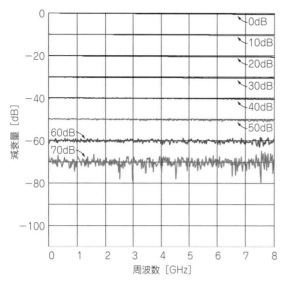

〈図4〉S5085＋ACM2509の測定結果（−20 dBm, IF BW＝1 kHz）

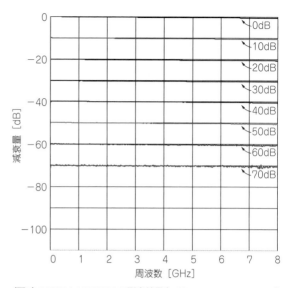

〈図5〉S5085＋ACM2509の測定結果（−20 dBm, IF BW＝10 Hz）

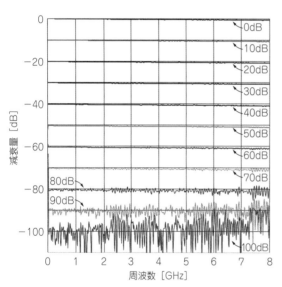

〈図6〉MS46122A＋MN25208Aの測定結果（−3 dBm, IF BW＝1 kHz）

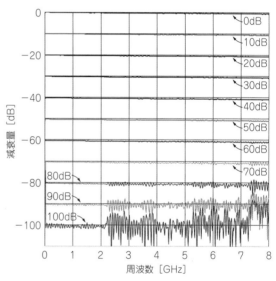

〈図7〉MS46122A＋MN25208Aの測定結果（−3 dBm, IF BW＝10 Hz）

よりも小さくなっていますが，VNAの性能や特性そのものと考えられる影響によって，IF BWを1/100にしたことの効果がほとんど得られていません。

ポート電力を−20 dBmに下げた図8では，減衰量が20 dBを越えると，1 MHz付近の乱れが現れています。それに加え，減衰量が30 dBの時には7.7 GHz以上の所で測定値が10 dBずれています。さらに，減衰量40 dB以上の測定では，全帯域にわたって測定値が10 dBずれています。IF BWを10 Hzに設定した図9でも，この現象は変わりません。減衰量30 dBでずれを生じる周波数が，7.16 GHzへと低下しています。

このずれ現象は，今回測定に使用した個体だけでな

く，某所で複数台使用している同機種すべてに現れます。あまりの結果に，これが早々に製造中止になった理由ではないかと勘繰ってしまいます。後継機種のMS46122Bでは改良されていることと思いますが…。

このずれ現象は大きな問題ですが，もう一点1 MHz付近での特性の乱れも気になりましたので，測定周波数範囲を1 MHz〜1 GHzに設定して再度測定してみました。

❸ MS46122A＋MN25208A（1MHz〜1GHz）の測定結果

・ポート電力：−3 dBm, IF BW＝10 Hz（図10）

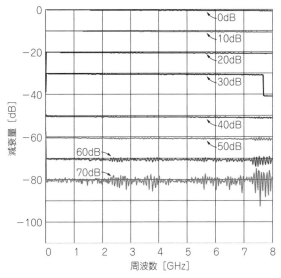

〈図8〉 MS46122A＋MN25208A の測定結果（−20 dBm, IF BW = 1 kHz）

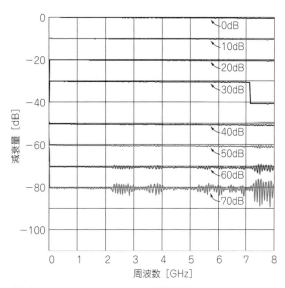

〈図9〉 MS46122A＋MN25208A の測定結果（−20 dBm, IF BW = 10 Hz）

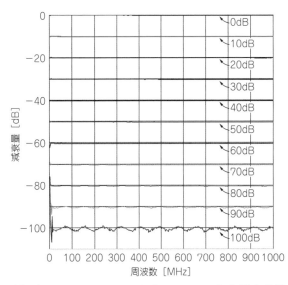

〈図10〉 MS46122A＋MN25208A（1 MHz～1 GHz）の 測 定 結 果 （−3 dBm, IF BW = 10 Hz）

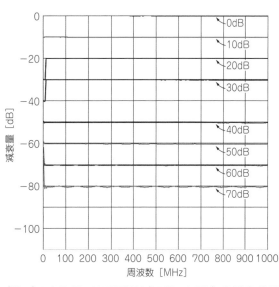

〈図11〉 MS46122A＋MN25208A（1 MHz～1 GHz）の 測 定 結 果 （−20 dBm, IF BW = 10 Hz）

● ポート電力： −20 dBm, IF BW = 10 Hz（**図11**）

図10 の測定結果から，10 MHz 以下の周波数帯にも問題があることがわかりました．ただし，カタログの「システム・ダイナミック・レンジ」の項をじっくり見てみると「1 MHz～＜20 MHz で標準 85 dB」「10 MHz 以下では仕様から 20 dB 低下」とありましたので，**図10** の特性は確かにそれくらいかなという感じです．

❹ まとめ

すっきりしない測定結果になりましたが，いつも使っている CMT 製 USB VNA の特性はまったく問題無く，信用して使うことができることがわかりましたので，OK としましょう．

皆さんも，新しい測定器を導入する際には，可能であればデモ機を借りて，しっかりと性能や特性を確認してください．私もしっかりと肝に銘じます．

いちかわ・ゆういち　アイラボラトリー
http://www17.plala.or.jp/i-lab/

技術解説

オフィス，家庭，産業機器や車載まで広範囲に
普及した高速ネットワーク・インターフェース

Ethernetの基礎と観測例

第1回　Ethernetの基礎知識と新しいトレンド

畑山 仁
Hitoshi Hatakeyama

1 Ethernetの基礎知識

1.1 概要

　Ethernetは，オフィスから家庭の近距離のLAN
(Local Area Network) は元より，都市内のMAN
(Metropolitan Area Network)，さらに都市を越えて
郊外，県外や国際間のWAN(Wide Area Network)ま
で取り込んで，広範囲に使用されている有線コンピュ
ータ・ネットワーク規格です．近年ではそのエコ・シ
ステムの恩恵を被るべく産業機器や車載インターフェ
ースにも応用されています．

1.2 歴史

　Ethernetは，1970年代初頭に米国ゼロックス社の
パロアルト研究所で開発され，特許登録されました．
しかし，後にオープンな規格として開放され，1980年
に米国電気電子技術者協会IEEEによって，"Ethernet
1.0"規格が公開されました．現在，普及している
Ethernetは，1982年に提案された"Ethernet 2.0"を
基にして，1983年に"IEEE 802.3 CSMA/CD"として
策定された仕様です．

　IBM社が開発しIEEE802.5で規格化された"Token
Ring"などが当初はLANとして登場しましたが，現
在LANといえば，Ethernetと同義であるほど普及し
ています．なお，Ethernet，イーサネットという名称
は，日本では富士ゼロックス㈱による登録商標です．

1.3 階層的なプロトコル・スタック構成に
よって物理層を含む各階層の自由度が高い

　多くのインターフェースは，階層化されたプロトコ
ル・スタックを持ちます．下位の階層の変更が上位階
層に影響がないように分離しており，下位階層が異な
っていても機能するようになっています．それゆえ，
新しい規格が次々に登場し，進化し続けています．

　とくにEthernetは，業界共通のネットワーク標準
によるマルチベンダでの相互運用性の確立を目指して
作成されたOSI(Open Systems Interconnection)参照
モデル(図1)を採用しています．OSI参照モデルは
ISO(国際標準化機構)とITU-T(国際電気通信連合電
気通信標準化部門)によって策定された7階層のプロ
トコル・スタック・モデルです．この中でEthernet
は，レイヤ1の物理層とレイヤ2のデータ・リンク層
に関する規定です．

　物理層は規格によりまったく異なり，電気のみなら
ず，光や無線(WLAN: IEEE802.11委員会の担当)まで
あります．電気では伝送媒体としてツイスト・ペア・
ケーブルや同軸ケーブル，バックプレーンがあり，伝
送形式も2値のみならず多値伝送があります．光では
シングル・モード・ファイバ，マルチ・モード・ファ
イバ，長波長，短波長，波長多重(WDM)など，同じ
Ethernetの規格かと思えるほどさまざまな伝送方式
が採用されています．それでも上位層とは分離されて
いるため，さまざまな物理層のネットワークがシステ
ム内に混在してもEthernetとして機能します．

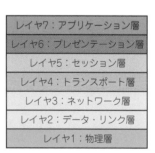

〈図1〉階層化されたプロトコル・スタック
とOSI参照モデル
　　　　(a) 階層化されたプロトコル・スタック　　　　(b) OSI参照モデル

10G BASE-C X 4

数値	データ伝送速度
1	1Mbps
10	10Mbps
100	100Mbps
1000	1Gbps
2.5G	2.5Gbps
5G	5Gbps
10G	10Gbps
25G	25Gbps
40G	40Gbps
100G	100Gbps
200G	200Gbps
400G	400Gbps

記号	伝達媒体や波長
T	ツイスト・ペア (Twisted pair)
E	1550nm光 (Extra long wavelenght/Extend Reach)
L	1310nm光 (Long wavelength/Long Reach)
S	850nm光 (Short wavelength/Short Reach)
F	850nm光(Fiber)
C	シールド・ケーブル (twin axial Copper cable)
D	データ・センター (Datacenter)
K	バック・プレーン (bacKplane)
2	最大185m同軸
5	最大500m同軸
36	最大3600m同軸

記号	符号化
なし	符号化なし
X	4B5B, 8B10B (EXternal sourced coding)
R	64B66B (ScRambled coding)
P	PAM-4 (未使用)
W	SONET (WAN compatible)

- 現在IEEEでは記号の持つ意味については規定していない
- 記号の組み合わせの持つ規格名称が継続される保証はない

数値	レーン数やペア数など
なし	1
2	2
4	4
10	10/10km

〈図2〉Ethernet規格名に含まれる文字記号の意味

さらに今日では，電気や水道と同様に社会的インフラを形成するほど普及しているといっても過言でないでしょう．そのため，規格の全容を把握するのが困難なほど，多くの標準規格化団体や業界団体が関連しています．

■ 1.4 1GbE(Gigabit Ethernet)までの主流はツイスト・ペア・ケーブルを使用するxxBASE-T

図2はEthernetの各規格名に含まれる文字記号の意味を便宜的に説明したものです．ただし現在IEEEでは，それぞれの文字記号が持つ意味については規定していません．また，文字記号の組み合わせがもつ規格名称が継続される保証はありません．

● 初期の同軸ケーブルによる接続

LANの初期には同軸ケーブルによる接続が主流で，Ethernetでは10BASE-5や10BASE-2として規格化されました．物理的な接続は，10BASE-5では外径10mm程度の太い同軸ケーブルの両端にNコネクタを装備しており，当初はイエロー・ケーブルと呼ばれる黄色のものでした．その側面に穴を開けて(タップして)，MAU(Media Attachment Unit)の短針を図3のように中心導体に接触させていました．

また，細い同軸ケーブルを使う10BASE-2では，BNCコネクタのT分岐アダプタを使い，図4のようにMAUへ分岐接続し，多数の機器をぶら下げるバス接続型でした．

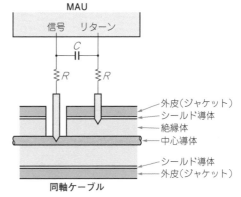

〈図3〉10BASE-5の同軸ケーブルへ接続するためのMAU
(出典：IEEE802.3-2018, Sec. 1)

● 現在の主流 xBASE-T

現在はRJ-45(写真1)と呼ばれるコネクタで接続し，廉価で手軽に敷設できる4対のツイスト・ペア・ケーブルを使用するxBASE-Tが普及しています．そのうち代表的なものを表1にまとめました．

スター接続型として機器間をピア・トゥ・ピアで接続し，複数の機器を接続する場合にはハブやスイッチを経由します．xBASE-TはEthernetではxBASE-yとして慣例的に分類され，その中でxはデータ・レート，Tはツイスト・ペア・ケーブルを媒体としていることを意味します．

現在40GBASE-Tまで規格が策定されています．従来10Gbps以上は光ファイバが主流です．そこですでに実用化されている10GBASE-Tが普及し，同時に

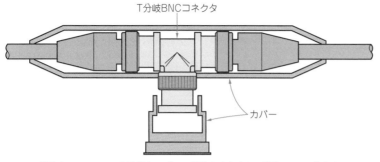

〈図4〉10BASE-2の同軸ケーブルへ接続するためのT分岐BNCコネクタ
（出典：IEEE802.3-2018, Sec. 1）

〈写真1〉RJ-45プラグ

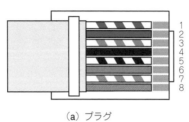

（a）プラグ

〈図5〉RJ-45（8P8C）
コネクタのピン配置と
信号割り当て

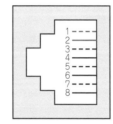

（b）ジャック（レセプタクル）

ピン番号	色	ライン番号	ペア番号
1	白/橙	L7	P3
2	橙	L5	P3
3	白/緑	L3	
4	青	L1	P1 P2
5	白/青	L2	P1 P2
6	緑	L4	
7	白/茶	L6	P4
8	茶	L8	P4

（c）信号割り当て

〈表1〉ツイスト・ペア・ケーブルのカテゴリと規格
（伝送距離100 mで規定）

カテゴリ	シールド	規定周波数帯域	10BASE-T	100BASE-TX	1000BASE-T	2.5GBASE-T	5GBASE-T	10GBASE-T	25GBASE-T/40GBASE-T
3	非シールド(UTP)	16 MHz	○	×	×	×	×	×	×
5		100 MHz	○	○	×	×	×	×	×
5e		100 MHz*	○	○	○	×	×	×	×
6	シールド(STP)	250 MHz	○	○	○	○	○	○(55 m)	×
6A		500 MHz	○	○	○	○	○	○	○
7		600 MHz	○	○	○	○	○	○	○
8		1.6 GHz/2 GHz	○	○	○	○	○	○	○(30 m)

＊：伝搬遅延，遅延スキュー，リターン・ロスなどを追加規定.

25GBASE-T，40GBASE-Tが製品化されると思われます．

■ 1.5 RJ-45ジャックと　ケーブル・カテゴリ

● RJ-45

現在RJ-45と呼んでいるコネクタは，ANSI/TIA-1096-AやISO/IEC 8877，IEC 60603-7で規定された8P8C（8 position 8 contact：8極8芯）と呼ばれるものです．元々はFCC（米連邦通信委員会）にRegistered Jackとして登録された電話回線やISDN向けの8極2芯のジャック（リセプタクル）とプラグからなるもので，側面にキーを持ち，内部結線も異なります．本来のRJ-45があまり普及せず使われなくなった一方，Ethernetの普及で4組のツイスト・ペア・ケーブルの結線で8極全部を使用する8P8CコネクタをRJ-45と呼ぶ習慣が定着しています．そこで本記事でも8P8CコネクタをRJ-45と称します．

● ケーブルのカテゴリ

ケーブルのカラー・コードとピン結線は，ANSI/TIA-568-DでT568Bとして図5のように規定されています．

ケーブルは電気的特性に応じてカテゴリが規定されています．各カテゴリでは挿入損失(IL)，反射損失(RL)，近端クロストーク(NEXT)などが規定されています．挿入損失の比較を図6に示します．

カテゴリ7以上では，RJ-45と互換性のあるGG45（IEC 60603-7-7），または互換性のないTERA（IEC 61076-3-104）やARA-45（IEC 61076-3-110）が使用されます．

■ 1.6 多値変調で周波数を上げずに　データ転送レートを稼ぐ

ツイスト・ペア・ケーブルの伝送損失は周波数が高いほど大きく，距離に比例して増大します．10/100/1000BASE-Tでは最大セグメント長を100 mと規定

〈表2〉ツイスト・ペア・ケーブルで伝送するEthernet各規格の変調方式

規格	変調/信号形式	シンボル速度[シンボル/s][Bd]	符号化	伝送レーン数	伝送ペア数	双対単方向伝送/全二重
10BASE-T	PAM-2	10M	–	1レーン	2ペア	双対単方向伝送
100BASE-TX	MLT-3	100M	4B5B	1レーン	2ペア	双対単方向伝送
1000BASE-T	PAM-5	125M	8B/1Q4			
2.5GBASE-T		200M				
5GBASE-T		400M				
10GBASE-T	PAM-16	800M	DSQ128	4レーン	4ペア	全二重
25GBASE-T		2000M				
40GBASE-T		3200M				

注▶8B/1Q4：8ビットのバイナリ信号を5値(Quinary)データ4組のシンボルに変換，DSQ128：2シンボルが7ビットに相当，Bd：Baud

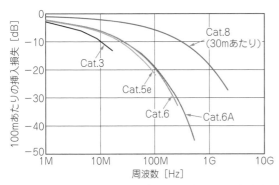

〈図6〉ツイスト・ペア・ケーブルのカテゴリごとの挿入損失
（出典：ANSI/TIA-568-D）

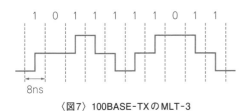

〈図7〉100BASE-TXのMLT-3

〈表3〉変調方式と実際の波形（アイ・ダイヤグラム）

規格（変調方式や信号形式）	波形
10BASE-T (PAM-2)	
100BASE-TX (MLT-3) 図7参照	
1000BASE-T (PAM-5)*	
100BASE-T1 (PAM-3)	

*注▶テスト・モードの信号．送信側で帯域制限を掛けた結果，このように5値以上もった波形となる

しており，この距離を電気的増幅なしに伝送します．

たとえば1000BASE-Tではツイスト・ペアを4組使って1000 Mbpsのシリアル・データを伝送します．つまり1組あたり250 Mbpsなので，NRZ信号ならば125 MHzに相当します．これを8B/1Q4変換して，物理層では変調速度125 Mbaud（125 Mシンボル/s）の信号を伝送します．125 MbaudのNRZ信号は62.5 MHzに相当します．Cat.6Aケーブルの挿入損失の周波数特性（図6）から，125 MHzの信号は100 mで約22 dBほど減衰しますが，1000BASE-Tでは後述する8B/1Q4符号化とPAM-5によって約60 MHzの帯域で伝送することによって伝送損失を約15 dBに抑えています．このように伝送損失を抑えつつ，必要な距離を伝送するためには信号のもつ周波数成分を低く抑えることが効果的です．

そこで物理層の周波数成分を上げないでデータ量を増やす方法として多値変調があります．すなわちパルス信号振幅を多値化して1シンボルで2ビット以上を伝送するもので，具体的にはPAM-3(3値)，PAM-5(5値)，PAM-16(16値)などが採用されています．

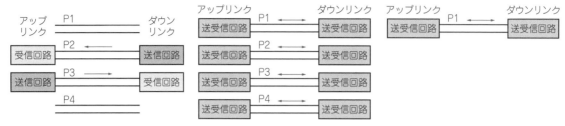

(a) 10BASE-T, 100BASE-TX　　(b) 1000/2.5G/5G/10GBASE-T　　(c) 10BASE-T1L, T1S, 100/1000BASE-T1

〈図8〉ツイスト・ペア・ケーブルの接続と伝送方向

表2にツイスト・ペア・ケーブルで伝送する Ethernet 各規格の変調方式，表3に各変調方式のアイ・ダイヤグラムを示します．ここでPAMに続く数字は振幅方向にとる値を示します．100BASE-TX が採用している MLT-3(Multi Level Transmission-3) は，伝送ビットがデータ1なら電圧が変化し，データ0なら変化しないという法則で信号を伝送します．単にビットを3値で表現するだけです．

■ 1.7 1本のケーブルによる双方向伝送

図8を見てください．10BASE-Tや100BASE-TX はツイスト・ペア・ケーブルのうち1ペアを送信，残る1ペアを受信に使っていますが，1000BASE-T〜10GBASE-T は4ペアの全てで送受信します．データ・レートによっては送受信を時間分割する余裕がないため，1本の同じ線路上をネットワーク上の双方の機器が同時にデータを送信する全二重を採用しています．とくに軽量化が要求される車載Ethernetでは，信号本数を減らし，1ペアだけで伝送する規格化が進んでいます．

1ペアで送受信を分離する原理は，アナログ電話で長年使用されている古典的なハイブリッド・トランス（図9）と同じです．自分の送信信号と相手からの受信信号が重なっている線路上の信号から，自分の送信信号を打ち消して，相手からの信号だけを取り出します．加えて近端で発生する反射等のエコー・キャンセラも併用します．これらの機能はトランシーバLSI内部に組み込まれています．NIC基板上にはトランスが外付けされていますが，それは絶縁用のトランスです．

以上のように多値化を採用し，同じ線路で同時に通信するという意味では，Ethernetは今まで紹介してきた2値NRZで双対単方向伝送を採用しているほかの規格と大きく異なります．

■ 1.8 ストレート・ケーブルと クロス・ケーブル

今日ではAuto MDI-X機能によってストレート・ケーブルかクロス・ケーブルかを意識することはなく

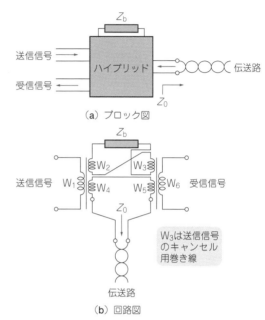

(a) ブロック図

W3は送信信号のキャンセル用巻き線

(b) 回路図

〈図9〉ハイブリッド・トランスによる4線-2線変換

なりましたが，古いネットワーク機器では重要なので説明しておきましょう．

図10を見てください．10/100BASE-Tでは，ホストはMDI(Medium Dependent Interface)としてピン1-ピン2(P3)に送信，ピン3-ピン6(P2)に受信が割り当てられ，ハブやスイッチなどはMDI-X(Medium Dependent Interface Crossover)として逆にピン1-ピン2(P3)に受信，ピン3-ピン6(P2)に送信が割り当てられていました．

このためホストどうしを接続するときは，送受信が衝突しないように一端を入れ替えたクロス・ケーブルを使用する必要がありました．

しかし現在では，信号が送られてくる端子を自動的に認識するAuto-MDI/MDI-X機能により，自動的に切り替えるので，機器やケーブルを区別しなくても相互通信が可能です．ストレート・ケーブルでは，両端がT568Bですが，クロス・ケーブルは一端がT568Aとなっています．

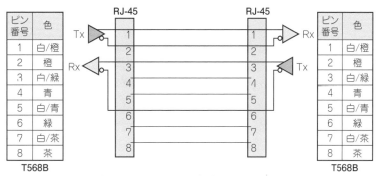

PC　　　　　　　　　　ハブ
（アップリンク・インターフェース）（ダウンリンク・インターフェース）

（a）ストレート・ケーブル（T568B-T568B）

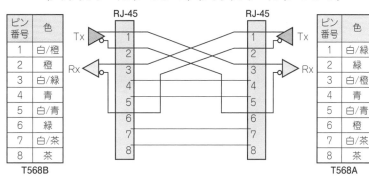

PC　　　　　　　　　　PC
（アップリンク・インターフェース）（アップリンク・インターフェース）

〈図10〉ストレート・ケーブルとクロス・
ケーブルの結線

（b）クロス・ケーブル（T568B-T568A）

---

❷ Ethernetの新しいトレンド

■ 2.1 2.5GBASE-Tと5GBASE-Tの規格化

IEEEでは2016年9月発行の802.3bz規格で2.5GBASE-Tと5GBASE-T規格を策定しました．その目的は，ハブから802.11ac規格のWi-Fiルータ（**写真2**）までの配線に既設UTPケーブルをそのまま利用するためです．

2012年にIEEEが策定した5GHz帯無線LAN 802.11acの伝送レートは**表4**に示すようにWave1で1.3 Gbps，Wave2では3.45 Gbpsとなり，1000BASE-Tのデータ・レートを超えました．このため従来ならCat.7 STPケーブルを使う高価な10GBASE-Tインターフェースを使わざるを得なかったのです．

2.5GBASE-Tと5GBASE-Tは，10GBASE-Tよりデータ・レートを落とすことにより，安価なUTPケーブルで対応可能になりました．

しかしながら，すでに数多く出回っている次世代の

〈写真2〉IEEE802.11ac対応の無線LANルータ RT-AC1200G（ASUS）

Wi-Fi 6規格対応の無線LANルータ（**写真3**）では9.6Gbpsデータ・レートが実現されているため，10GBASE-TやSFP+ポートを備えています．

■ 2.2 400GbpsではPAM-4伝送が先行，車載用の2.5G/5G/10GBASE-T1でも採用

● PAM-4採用の背景

400GbEに向かって56 Gbps〜112 Gbpsの規格も策

〈表4〉IEEE802.11acと
802.11axの概要

項目	IEEE802.11ac Wave1	IEEE802.11ac Wave2		IEEE802.11ax Wave1
世代	WiFi 5			WiFi 6
規格制定	2014年1月			2020年9月（予定）
無線周波数	5 GHz帯			2.4 GHz帯／5 GHz帯
伝送速度	1.3 Gbps	3.45 Gbps	6.9 Gbps	9.6 Gbps
帯域	80 MHz	160 MHzまたは 80 MHz + 80 MHz		160 MHz，80 MHz + 80 MHz，40 MHz，20 MHz
MIMO	3×3	4×4	8×8	8×8
アンテナ数※	3	4	8	8

※ダイバーシティを除く

〈写真3〉
IEEE802.11ax
対応の無線
LANルータ
RT-AX89X
（ASUS）

（a）本体　　　　　　　　　　　　　　（b）RJ-45とSFP+

SFP+スロット

RJ-45：10GBASE-T

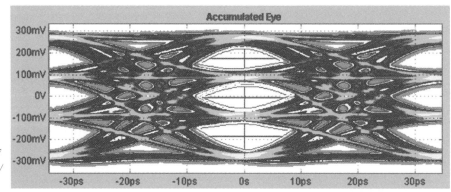

〈図11〉
PAM-4のアイ・ダイアグ
ラム（10 ps/div., 100 mV/
div.）

定されています．そこではNRZよりPAM-4が先行し
ています．100 Gbpsを伝送するにあたっては，NRZ
で25 Gbps～28 Gbpsの4組のリンクによって実現し
ています．データ・レートに幅があるのは，採用して
いる符号化によって異なるためです．

400 Gbpsは，25 Gbps×16レーンを使用すれば達成
できますが，実用的ではありません．実用化にはせい
ぜい8組が求められます．論理レベル0と1の2値をそ
のままNRZで伝送するには基板の損失が大きな障害
になります．そこで信号を4値化して伝送することで，
2値のNRZと同じ周波数成分と同じ周期で倍のデー

タ・レートを実現できるPAM-4(Pulse Amplitude
Modulation)を採用しました．

● *S/N*悪化への対処策としてのFEC採用とその弊害

図11はPAM-4のアイ・ダイヤグラムの例です．
NRZと同じ振幅のままで振幅を3分割するため，振幅
方向で1ビット間の振幅差が少なくなります．つまり
*S/N*比が悪化し，物理層のビット・エラー・レートが
高まります．通常のNRZを利用した伝送では，一般
的に10^{-12}，つまり10^{12}ビット（1兆ビット）伝送あた
り1ビットの誤りを許容しますが，PAM-4ではかな
りのBERの悪化を見込み，例えば10^{-6}程度に設定し

<table>
<tr><td rowspan="2">〈表5〉
代表的な光トランシー
バ・モジュール</td><td>名称</td><td>意味</td><td>本体規格*</td><td>代表的なデータ・レート</td><td>信号配置</td></tr>
<tr><td>SFP＋</td><td>Small Formfactor Pluggable Plus</td><td>SFF-8431</td><td>10 Gbps×1</td><td rowspan="2">20極(図12)
(SFF-8074)</td></tr>
</table>

名称	意味	本体規格*	代表的なデータ・レート	信号配置
SFP＋	Small Formfactor Pluggable Plus	SFF-8431	10 Gbps×1	20極(図12)(SFF-8074)
SFP28	Small Formfactor Pluggable 28	SFF-8402	25 Gbps×1	20極(図12)(SFF-8074)
QSFP＋	Quad Small Formfactor Pluggable Plus	SFF-8436	10 Gbps×4	38極(図13)(SFF-8436)
			40 Gbps×1	
QSFP28	Quad Small Formfactor Pluggable 28	SFF-8665	25 Gbps×4	
			50 Gbps×2	
			100 Gbps×1	

＊注▶形状，コネクタ，電気的インターフェースなどは別仕様となる．

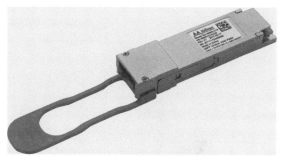

〈写真4〉
代表的な光トラン
シーバ・モジュー
ルの例

（a）SFP＋モジュール　　　　　　　　　（b）QSFP28モジュール

ています．そのため，リード・ソロモン符号による RS-FEC(前方誤り訂正)を併用し，物理層である程度のビット・エラーが発生しても，受信側で正しいデータに復旧し，再送を不要にします．

例えばRS(544, 514)では，514シンボル(1シンボルは10ビット)に対して誤り訂正符号として30シンボルを付加することで，15シンボルまでならば誤り訂正が可能で，それ以上ならばエラー検出を可能としています．つまり15シンボルを越えると，誤り検出はできても誤り訂正はできません．

シンボル単位でのエラー検出となるので，シンボル内では1ビットであろうとも連続したビットでエラーが生じたとしてもエラーを回復できるので，バースト・エラーに対しても耐性を持つことになります．

PAM-4による伝送は，FECによるオーバーヘッドが増加するため，FECなしに比べ，Ethernetでは同じデータ帯域幅を確保するためにデータ・レートが上がります．例えばNRZの100GBASE-KR4ならば64B/66B符号化のため，符号化オーバーヘッドが3.125％増加し，100Gビットのデータを転送するのに103.125Gbpsで1レーン当たり25.78125Gbpsとなります．

一方，PAM-4の100GBASE-KR2では，64B/66Bを256B/257Bにトランスコーディング，すなわち66ビット・パケット化されたデータから64ビット・ペイロードを取り出し，4組合わせた上で1シンク・ビットを付加し，さらにRS(544, 514)のFECを付加す

るためにオーバーヘッドが6.25％増加し，106.25 Gbpsで転送する必要があります．その結果，1レーン当たり 26.5625 GBdとなります．

● 車載用やPCI ExpressもPAM-4を採用

今日ではPAM-4は車載用の2.5G/5G/10GBASE-T1に，またEthernet以外にPCI ExpressでもGen 6でRev. 5.0(32 GT/s)の倍の64 GT/sの規格化にあたって，同技術を採用しました．

PAM-4の測定方法はNRZとほぼ同じで，アイやジッタですが，リニアリティの意味で各遷移の遷移方向による対称性を各遷移時間を測定することで確認します．

■ 2.3 光トランシーバ・モジュール

10 Gbps以上の伝送は光ファイバが主流で，光ファイバを装置に接続する光トランシーバは，簡単に脱着できるモジュールの形で実現されています．表5と写真4は代表的な光トランシーバ・モジュールの例です．また，写真5は片側がQSFP28(10 Gbps×4)で，反対側をSFP＋(10 Gbps×1)4本に分割するブレークアウト・ケーブルの例です．

モジュールの規格はIEEEではなく，SNIA(Storage Networking Industry Association) のSFF TA WG (Small Form Factor Technology Affiliate Technical Working Group)が策定したSFP＋などのモジュールが，Ethernretのみならず，InfiniBand，Fibre Channel，SASなど業界内で広く利用されています．

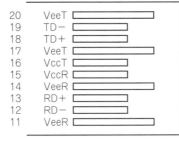

20	VeeT			VeeR	10
19	TD−			VeeR	9
18	TD+			LOS	8
17	VeeT			Rate Select	7
16	VccT			MOD-DEF(0)	6
15	VccR			MOD-DEF(1)	5
14	VeeR			MOD-DEF(2)	4
13	RD+			Tx Disable	3
12	RD−			Tx Fault	2
11	VeeR			VeeT	1

〈図12〉SFP＋やSFP28の20ピン・コネクタ（SFF-8074）　（a）上面図　（b）底面図

38	GND			GND	1
37	TX1n			TX2n	2
36	TX1p			TX2p	3
35	GND			GND	4
34	TX3n			TX4n	5
33	TX3p			TX4p	6
32	GND			GND	7
31	LPMode			ModSelL	8
30	Vcc1			ResetL	9
29	VccTx			VccRx	10
28	IntL			SCL	11
27	ModPrsL			SDA	12
26	GND			GND	13
25	RX4p			RX3p	14
24	RX4n			RX3n	15
23	GND			GND	16
22	RX2p			RX1p	17
21	RX2n			RX1n	18
20	GND			GND	19

〈図13〉QSFP＋やQSFP28の38ピン・コネクタ（SFF-8436）　（a）上面図　（b）底面図

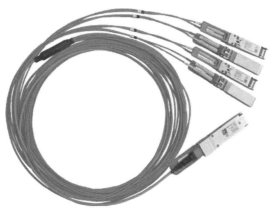

〈写真5〉QSFP28（10 Gbps×4）をSFP＋（10 Gbps×1）4本に分割するブレークアウト・ケーブル

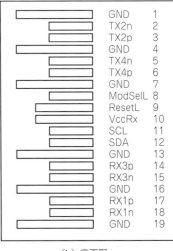

トランシーバ/ファイバ経由で接続するのではなく，そのままケーブルで10.3125 Gbpsを10 m程度（パッシブ）までの短距離接続するDAC（Direct Attach Cable）も策定され，製品化されています．

　一方，100 GbE以上では長距離通信と技術的に被る部分も多く，モジュールのみならずレーザ数や変調方式などOIF（Optical Internetworking Forum）やCW-WDM MSA（Continuous-Wave Wavelength Division Multiplexing Multi-Source Agreement）などが策定しています．

● 次号へつづく

　次回は1000BASE-Tの波形観測例とその評価について解説する予定です．

はたけやま・ひとし　テクトロニクス社/ケースレーインスツルメンツ社

　ASICやFPGAと光トランシーバ間は，例えばSFP+の場合はSFI（SFP+ high speed serial electrical interface）と呼ばれる電気的インターフェースです．SFIはSFF-8431の中で規定されています．そこで光

技術解説

送信終段πマッチのL値をどう決めるか?

ポアンカレ視点で見る 3素子π型リアクタ回路

大平 孝
Takashi Ohira

コイルやコンデンサを高周波回路に組み込むと，インピーダンスがスミス・チャート上で円弧状の軌跡を描きます．その円弧の軌跡長をポアンカレ視点で計量する技を文献(1)で学びました．本記事ではその技を駆使して3素子π型リアクタ回路の設計理論を組み立てます．

1 電力増幅回路に必須のインピーダンス整合

RF業界の三つの市場「放送，無線通信，ワイヤレス電力伝送」，いずれにおいてもシステム実現に必須となる機能として高周波電力増幅があります．電力増幅回路を負荷(アンテナなど)に接続する際にポイントとなるのがインピーダンス整合です．

送信機(電力増幅回路)の出力インピーダンスをZ_1，アンテナの入力インピーダンスを$Z_2{}^*$とします．上付き*は複素共役を意味します．もし$Z_1=Z_2$なら，すでに整合しているので送信機にアンテナをそのまま接続できます．

システムによってはZ_1とZ_2が互いに離れている場合があります．そのときに解決策として登場するのが整合回路です．送信機とアンテナの間に挿入する整合回路の例を写真1に示します．複数のプラグイン・コイルと可変コンデンサ(バリコン)から構成されており，送信機とアンテナのインピーダンスに合わせてこれら複数のリアクタを調整することで幅広い整合が可能です．整合がうまくできているかどうかは定在波(コラム参照)を観測することで確認できます．

2 リアクタ3素子によるπ型整合回路

ここでは簡単のため3個のリアクタ素子(LC)から成る基本的な整合回路を考えます．3素子整合回路としてよく使われるのが図1に示す低域通過π型トポロジです．この回路に求められる機能はインピーダンスをZ_1からZ_2へ変換することです．

インピーダンスが回路内部で辿る軌跡を図2(p.133)のスミス・チャートに示します．このチャート上の点

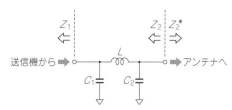

〈図1〉3素子π型リアクタ回路トポロジ

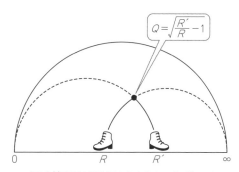

〈図3〉(1)垂円の足位置から交点のQ値がわかる

を三つのLC素子が描く円弧に沿って出発点Z_1から目的地Z_2まで到達させることができれば任務完了です．つまり設計において決定すべきパラメータ数はLC素子の数，すなわち3です．

2.1 設計自由度

出発点Z_1と目的地Z_2が要求仕様として与えられているとすると，上記三つの自由度のうち，これで二つが消費されています．リアクタ素子数は3なので，まだ自由度が一つ残っています．つまり，送信機とアンテナが決まっていても，三つのLC素子の値は一意に定まらないということです．

そこで，残った自由度1を円弧の軌跡長を最小化する目的に活用しようというのが今回の理論構築の趣旨です．

2.2 垂円の足位置に着目

LC素子の軌跡長を計算する公式を文献(1)で学びました．簡潔におさらいをします．図3に示すようにチ

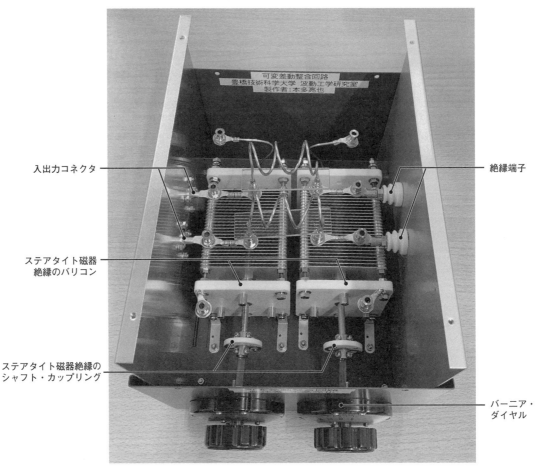

〈写真1〉 手巻きプラグイン・コイルとステアタイト・バリコンによるHF帯1kW級可変リアクタ回路
（設計製作：豊橋技術科学大学 4年生 本多亮也君）

ャート上の1点（●印）から地平線に下ろした二つの垂
円の足の抵抗値セット (R, R') から Q 値を計算します.

$$Q = \sqrt{\frac{R'}{R} - 1} \quad\cdots\cdots\cdots\cdots\cdots\cdots\cdots\cdots\cdots\cdots (1)$$

この公式を使って円弧の両端の Q 値を計算し, それら
の差が軌跡長になります.

$$\Lambda_{12} = |Q_1 - Q_2| \quad\cdots\cdots\cdots\cdots\cdots\cdots\cdots\cdots (2)$$

ここで縦棒記号2本は絶対値を意味します.

■ 2.3 各点の Q 値

図2上の各点の Q 値を求めてみましょう. まず送信
機の出力インピーダンス点 Z_1 の Q 値はどうなるでし
ょうか. 垂円の足位置を見ると (R_1, R_3) です. これを
公式(1)に代入すればOKです.

$$Q_{13} = \sqrt{\frac{R_3}{R_1} - 1} \quad\cdots\cdots\cdots\cdots\cdots\cdots\cdots (3)$$

次にコンデンサ C_1 を並列接続します. すると足位置
が (R_2, R_3) へ移動します.

$$Q_{23} = \sqrt{\frac{R_3}{R_2} - 1} \quad\cdots\cdots\cdots\cdots\cdots\cdots\cdots (4)$$

そしてコイル L を直列接続します. 足位置が (R_2, R_5)
へ移動します.

$$Q_{25} = \sqrt{\frac{R_5}{R_2} - 1} \quad\cdots\cdots\cdots\cdots\cdots\cdots\cdots (5)$$

最後にコンデンサ C_2 を並列接続します. 足位置が
(R_4, R_5) へ移動します.

$$Q_{45} = \sqrt{\frac{R_5}{R_4} - 1} \quad\cdots\cdots\cdots\cdots\cdots\cdots\cdots (6)$$

上記4式ともに左辺 Q の添字が右辺 R の添字にそれぞ
れ呼応しています. とくに Q_{45} は点 Z_2 のみならず鏡像
位置にある点 $Z_2{}^*$ の Q 値（すなわちアンテナの入力 Q
値）にも等しくなります. これでチャート上にある五
つの点の Q 値がすべて出そろいました.

■ 2.4 各円弧の軌跡長

円弧の始点と終点の Q 値がわかると, それらを公式
(2)に代入することで軌跡長 Λ が求まります. 例えば

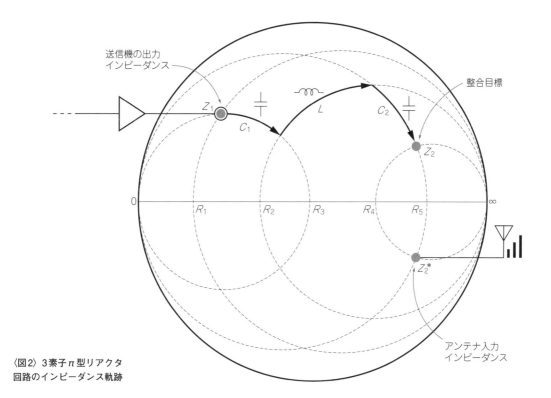

〈図2〉3素子π型リアクタ
回路のインピーダンス軌跡

並列コンデンサC_1が描く円弧の軌跡長は次式となります.

$$\Lambda_{C1} = Q_{13} - Q_{23} \cdots\cdots\cdots\cdots\cdots\cdots\cdots (7)$$

同様にして,直列コイルLと並列コンデンサC_2の軌跡長も求まります.

$$\Lambda_L = Q_{25} - Q_{23} \cdots\cdots\cdots\cdots\cdots\cdots\cdots (8)$$

$$\Lambda_{C2} = Q_{25} - Q_{45} \cdots\cdots\cdots\cdots\cdots\cdots\cdots (9)$$

これらで要注意なのは減算の方向です.公式(2)でわかるとおりΛは絶対値なので,必ずQ値の大きい方から小さい方を引いてください.どちらのQ値が大きいかは式(3)(4)(5)(6)ならびにチャートの横軸座標に示す抵抗値の並び順:$R_1 < R_2 < R_3 < R_4 < R_5$から知ることができます.

■ 2.5 全行程の軌跡長

システム設計者としては,送信機からアンテナに至る全行程長がどうなるのかに興味があります.式(7)(8)(9)で示した三つの軌跡長を合算してみましょう.

$$\begin{aligned} \Lambda &= \Lambda_{C1} + \Lambda_L + \Lambda_{C2} \\ &= Q_{13} + 2(Q_{25} - Q_{23}) - Q_{45} \\ &= Q_{13} + 2\Lambda_L - Q_{45} \cdots\cdots\cdots\cdots\cdots (10) \end{aligned}$$

この結果のうちQ_{13}は送信機の出力インピーダンスで決まるので定数項です.同様にQ_{45}はアンテナの入力Q値なので与えられています.ということは残った$2\Lambda_L$だけが設計者で調整できる変数です.すなわち,このトポロジにおいては,リアクタ回路全体の軌跡長

は直列コイル単体の軌跡長に支配されるということがわかりました.例えば送信機からアンテナまで最短の道のりで辿り着きたいという要求に応えるには,直列コイル単体の軌跡長Λ_Lを最小化すれば良いのです.

❸ 設計条件の再確認とR_2の 最適値を求める方法

■ 3.1 定数と変数

今回の設計条件を図2のチャート上の横軸座標に着目して再度確認しておきましょう.送信機の出力インピーダンスZ_1が与えられているので,垂円の足R_1とR_3が固定です.またアンテナの入力インピーダンスZ_2が与えられているので,垂円の足R_4とR_5が固定です.したがって設計者が調整できる自由な変数はR_2だけです.課題をまとめます.

▶ R_1, R_3, R_4, R_5を定数として変数R_2を 最適化せよ

図2のチャートの横軸上で点R_2だけを左右にスライドしてみてください.それに伴ってLの円弧が移動しますね.この動きがイメージできればOKです.そして最適化の目的関数は式(10)の軌跡長とします.これを最小にするということは,上で述べたとおりコイル単体の軌跡長Λ_Lを最小化する問題に帰着します.

■ 3.2 R_2の最適値

一般に最大や最小の問題へのアプローチとして，目的関数を変数で微分してゼロとおくという常套手段があります．数式微分による方法は腕力さえあればなんとか答えに到達できるのですが，安易に頼ると時として局所的な擬解に陥ってしまう懸念があります．ここでは大局的な展望を得ることができる代数的な数式操作だけで真の解を探ります．

第一歩は最小化すべきΛ_Lを変数R_2の関数として表すことです．そのために式(4)(5)を式(8)に代入します．

$$\Lambda_L = Q_{25} - Q_{23}$$
$$= \sqrt{\frac{R_5}{R_2} - 1} - \sqrt{\frac{R_3}{R_2} - 1} \cdots\cdots\cdots\cdots (11)$$

これは簡単ですね．先に述べたとおりR_3とR_5は定数であり，変数はR_2だけです．すると思わず手拍子でR_2で微分したくなります．しかしここでは微分法を使いません．

その代わりちょっとした小技(部分有理化による平方完成)を使います．この工程は工学系の大学院生なら15分くらいで理解できます．もし難しいと感じる学生君は部分的に読み飛ばしても大丈夫です．ここでは結果だけを示します．

$$\Lambda_L = \sqrt{\frac{R_5}{R_3}} - \sqrt{\frac{R_3}{R_5}}$$
$$+ \frac{\left(\frac{1}{R_3} - \frac{1}{R_5}\right)\left(\frac{1}{R_2} - \frac{1}{R_3} - \frac{1}{R_5}\right)^2}{(G_1 + G_2)(G_1 + G_3)(G_2 + G_3)} \cdots\cdots (12)$$

この結果で第1項と第2項は変数R_2を含んでいないので定数項(もし微分していたら消える項)です．つまりR_2による変化を調べるには，第3項だけを分析すれば十分です．

第3項の各因子の値の正負を考えてみましょう．分子の第1因子は正の定数です．なぜなら図2の横軸上で$R_3 < R_5$だからです．次に分子の第2因子は平方完成(2乗)されているのでゼロまたは正です．分母に登場したG_1，G_2，G_3は下記の置き換えです．部分的に変数が含まれていますが，値としては常に正であるというところが要点です．

$$G_1 = \sqrt{\frac{1}{R_3 R_5}} \cdots\cdots\cdots\cdots\cdots\cdots (13)$$

$$G_2 = \sqrt{\frac{1}{R_2 R_3} - \frac{1}{R_3^2}} \cdots\cdots\cdots\cdots (14)$$

$$G_3 = \sqrt{\frac{1}{R_2 R_5} - \frac{1}{R_5^2}} \cdots\cdots\cdots\cdots (15)$$

以上の考察から式(12)の第3項は全体として負にならないことがわかりました．ということは，これがゼロになることがあれば，そのときが最小です．ゼロに

なることができるのは分子の第2因子だけです．これをゼロにするR_2を求めることで以下の最適解が得られます．

$$R_{2\text{opt}} = \frac{R_3 R_5}{R_3 + R_5} \cdots\cdots\cdots\cdots\cdots\cdots (16)$$

左辺はR_2の添字として最適値を意味する"opt"を付与しました．そして右辺が求めていた答えです．図2のチャート上にR_2として，この値を採用することで三つの円弧の場所と長さが確定します．これで自由度がめでたくすべて消費され，回路設計完了です．

ちなみに右辺はどこかで見覚えがあると思ったら，抵抗の並列接続の公式と同じですね．これは期末試験直前でも暗記しやすいでしょう．R_2が上記の値をとるとき式(12)は第3項がゼロになります．よってコイルの軌跡長は以下となります．

$$\Lambda_{L\text{min}} = \sqrt{\frac{R_5}{R_3}} - \sqrt{\frac{R_3}{R_5}} \cdots\cdots\cdots\cdots (17)$$

これがΛ_Lの最小値です．これも美しい形なので覚えやすいですね．

■ 3.3 リアクタンス値への換算

前節までで設計理論は基本完成しましたが，結果がすべてR_3とR_5で表示されています．これを現実の設計に適用するためにコイルとコンデンサの値に変換する公式を示しておきます．

直列コイル軌跡長は式(8)で示したとおり，円弧両端のQ値の差でした．この円弧上ではどこでも抵抗値がR_2で一定なので，両端のQ値差がこのコイルの負荷Qとなります．つまり$Q_L = Q_{25} - Q_{23}$です．一般にコイルの負荷Qは$Q_L = \omega L / R$で定義されるので，結局リアクタンス値は円弧の足位置と軌跡長の積となります．

$$\omega L = R_2 \Lambda_L \cdots\cdots\cdots\cdots\cdots\cdots\cdots (18)$$

さらにここで伝送角周波数$\omega = 2\pi f$が既知ならば上式からコイルのインダクタンス値Lが決まります．式(18)の双対として，並列コイルのサセプタンス値は軌跡長を円弧の足位置で割った商となります．

$$\omega C_1 = \frac{\Lambda_{C1}}{R_3} \cdots\cdots\cdots\cdots\cdots\cdots\cdots (19)$$

$$\omega C_2 = \frac{\Lambda_{C2}}{R_5} \cdots\cdots\cdots\cdots\cdots\cdots\cdots (20)$$

これらから二つのコンデンサの容量値が決定します．

❹ むすび

本記事ではポアンカレ視点で3素子π型リアクタ回路の設計理論を構築しました．長い道のりで途中の計算も少し煩雑なところがありましたが，最終的にはとてもエレガントな結果となりました．図1でLとCを

■ 定在波とゴム紐モデル

　送信機と負荷の整合が未達のときは，負荷で電力が反射します．反射波は送信機から到来する入射波と互いに重なり合います．入射波の電圧を1として，負荷での反射係数をγで表すと，入射波と反射波が強め合う場合は電圧振幅が$1+\gamma$となり，弱め合う場合は$1-\gamma$となります．これら二つの振幅の比を定在波比ρと呼びます．

$$\rho = \frac{1+\gamma}{1-\gamma} \cdots\cdots\cdots\cdots\cdots\cdots\cdots\cdots (A1)$$

これが定在波比の定義です．

　さてここでγからρへの計算練習をしてみましょう．上記の定義式を使って$\gamma=0.5$のときのρを求めてみてください．

　正解は3となります（暗算レベルです）．反射が大きくなるとともに定在波比が増加します．具体的な数値は上式で計算できますが電卓が手元にない場合のために**表A1**に早見表を用意しました．この表を自分がいつも使う手帳に書き込んでおきましょう．研究室のホワイトボードに掲示しておくのも有効です．

　上記γとρの振る舞いが直感的に理解できる幾何的メカニズムを**図A1**に示します．左上隅の支点$(-1, 1)$と横軸上の座標点ρを直線のゴム紐で結びます．この直線が定点$(1, 0)$から鉛直に立てた垂線に交わる点の高さが反射係数γになります．点ρを左右にスライドすることでゴム紐が伸縮するとともに傾きも変化することをイメージしてください．その結果としてγが上下に移動します．

〈表A1〉 反射係数γと定在波比ρの換算早見表

反射係数 γ	定在波比 ρ
0	1
0.2	1.5
0.5	3
0.6	4
0.75	7
0.8	9
0.9	19
1	∞

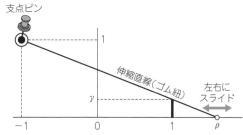

〈図A1〉 反射係数γと定在波比ρの関係が一瞬で把握できるゴム紐モデル

　このように数式も計算機も使わないで視覚的に答えが出せる幾何モデルを目に浮かべていると，なぜだか自然にエンジニアとしての直感力と洞察力が泉のごとく湧き出てくるような気がします．

おおひら・たかし　豊橋技術科学大学　未来ビークルシティリサーチセンター長　教授　🔲

入れ替えた高域通過π型回路，またはこれと双対なトポロジであるT型回路も類似の手法で理論構築が可能です．皆さんも興味ある回路構成でぜひお試しいただければと思います．

　本記事は内閣府SIP「ワイヤレス給電ドローン」，愛知県拠点研究「GaNデバイス」，豊橋市「遊園地ゴーカート給電」の研究成果を含みます．演習課題の定式化にご協力頂いた豊橋技術科学大学　特任助手　水谷豊君に謝意を表します．

◆参考文献◆

(1) 大平 孝：「ポアンカレ視点で見るコイルとコンデンサ」，RFワールドNo. 50，pp. 113〜115，2020年4月，CQ出版社．
(2) 大平 孝：「スミスチャートの歩き方：*LC*編」，電子情報通信学会誌，第103巻，第7号，pp. 709〜712，2020年7月．
(3) 大平 孝：「非ユークリッド幾何で築く高周波理論の新世界」，MWE2020，オンライン開催（予定），2020年11月．

おおひら・たかし　豊橋技術科学大学　未来ビークルシティリサーチセンター長　教授　🔲

歴史読物

エレクトロニクス開拓に生涯を
懸けた男の記録

発明家 安藤博の研究人生

第4回（最終回）晩年の研究，有名人とのエピソード，
マイルストーン認定

安藤 明博
Akihiro Ando

18 晩年の研究——世代を越えて生き続ける真空管

　戦後の復興期に入り，1953年（昭和28年）にはNHKがテレビ放送を開始しました．人々の暮らしも経済復興中ながらも徐々に豊かになって行きます．すでに普及していたラジオ受信機とは趣を異にする「テレビ受像機」というアプリケーションによって，より正しい情報や多岐に亘る娯楽なども得ることができるようになります．ラジオ技術がテレビ受像機へと引き継がれて行くその根底には「電子回路の飛躍的な発展」があります．

　ところで，安藤博はこのころから晩年にかけてどのような研究や発明を行ったのでしょうか．

■ 18.1「五極または四極出力管回路」

　晩年の発明はおもに二つあります．一つは特許第198669号「五極または四極出力管回路」（昭和30年）．この発明は，多極管の増幅能並びにその能率を3極管に比べて桁違いに大きく保持しながらも，そのリニアリティを3極管と同等以上に保持するという，相反する問題を解決したものです．

　その構造は，出力変成器のタップに電圧を加え，遮蔽グリッドを変成器の一端に接続したシンプルなもので，高忠実度増幅器，エレクトロニクス装置の音声出力部に広く実施されました．実施メーカは，日本ビクター，三菱電機，パイオニア，トリオ，山水電気，日本電気などです．

■ 18.2「多極管作働回路」

　もう一つの発明は，昭和39年 特許出願公告 第2160号「多極管作働回路」（図18.1）です．多極管を作働する際に出力管，大電力管，送信管等において，しばしば断線故障が生じるという問題がありました．これは遮蔽グリッドに全負荷がかかるため，瞬時にして加熱破損やガス放出により劣化，短時間で作用不能となるという欠点です．この発明は，その欠点を除去すべく研究完成されたもので，陽極から濾波器（フィルタ）

特公　昭39―2160

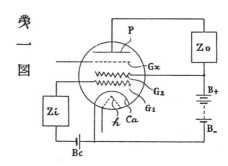

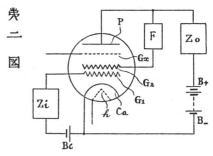

〈図18.1〉特許出願公告 第2160号「多極管作働回路」（昭和39年）

を通して遮蔽グリッドに加速電圧を加えるものです．これにより，管球内の断線故障が起こっても同時に遮蔽グリッドの加速電圧も遮断されるので，管球は完全に保護されます．極めて簡単な回路構成であるにもかかわらず，従来の多極管回路の重大な欠点を阻止したものです．この発明は，エレクトロニクス諸装置の信頼度と安定性の保持の上で重要な発明でした．

　オーディオの世界で有名なマランツのパワー・アンプにもこれらの発明が生かされていました．当時，大出力が必要なスピーカを動作させる際に，ひずみが生じるという問題がありました．安藤の発明によりひずみのない出力真空管が実現できたといえるようです．

■ 18.3 オーディオ研究家としての研究開発

　実は，安藤は「オーディオ研究家」としてもさまざ

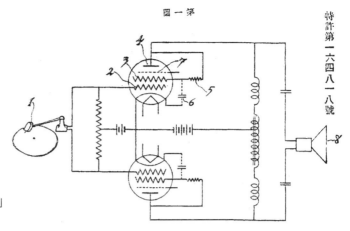

〈図18.2〉特許 第164818号「音量伸長装置」
（昭和19年）

まな研究開発を行っています．例えば，下記の特許や
実用新案です．

- 特許 第164818号「音量伸長装置」（昭和19年，**図 18.2**）
- 特許 第176415号「高忠実度高能率電気音響方式」（昭和23年）
- 実用新案 昭和10年第12929号「ピックアップ回路」
- 同 昭和10年 第13142号「拡声器」
- 同 昭和11年 第2100号「ピックアップ」
- 同 昭和11年 第3630号「永久磁石可動線輪高声器」
- 同 昭和11年 第3748号「無指向性マイクロホン」
- 同 昭和11年 第11429号「ピエゾ電子素子」
- 同 昭和12年 第7649号「電磁的拡声器」
- （その他多数）

　安藤の晩年の研究室は，半分はテレビ技術の研究エリア，残り半分はオーディオ研究エリアでした．ここで数多くのオーディオ研究の成果を実らせ，独自のオーディオ・システムが出来上がっていたようです．

　私（明博）は，昭和40年ごろから時折，父（博）に「レコードを演奏するから聴きにおいで．」と声をかけられ，2階の研究室でクラシック・レコードを（半強制的に）聴かされていました．そのときの音はといえば，実に迫力があり，あたかも楽団が目の前にいるような立体感のある音響でした．山積みのアンプ類と足の踏み場のない床の配線，奥にはタンスより大きなスピーカの数々．子供心に不気味な雰囲気と美しい音色に違和感を持ちながら，茫然とクラシックの名曲を聴いていたことを覚えています．

　21世紀の現代でも，秋葉原の電気街では真空管式高級オーディオ・アンプが売られており，堂々とその音質を誇ります．

　「真空管アンプが奏でる音は奥行きがある，まるで演奏者が目の前に居る様な錯覚を覚える．豊かな中低音と柔らかくふくよかな高音，ディジタル製品にはな

いぬくもりがある…」とオーディオ愛好家は異口同音にその音質と臨場感の豊かさを語ります．世界中のオーディオ・マニアは，ディジタルにはない温かみとすぐれた臨場感を真空管アンプで楽しんでいます．

　また，最近では何と「スマホ」（スマートフォン）につなげる小型真空管アンプが2万円程の手ごろな価格で売られています．ディジタル世代の若者もスマホで真空管による豊かな音響を耳にすることができるのです．

　トランジスタの出現により，真空管は多くの分野で姿を消しましたが，高周波で大電力を要する放送分野では，比較的最近まで真空管に依存していました．例えば静止衛星の「ゆり2号」には安藤に始まる多極管が使われていました．これはBS放送のための通信衛星で出力100Wのゆり2号aは1984年，ゆり2号bは1986年にそれぞれ打ち上げられ，1991年（平成3年）まで運用されていました．意外と息の長いデバイスです．

　図18.3は安藤 博の手描きによる回路図です．

19 実験中の火災事故 ──新聞紙上の見出し

■ 19.1 ヨーロッパ11か国へ出張

　安藤博は，晩年も研究を続ける一方，1963年（昭和38年）7月から9月の間にヨーロッパ11か国へ出張し，これら諸国のエレクトロニクス，放送施設，テレビ，宇宙通信施設などを視察しました．これは安藤の人生上3回目の，最後の海外視察になります．1回目や2回目と違うのは，安藤に家族ができたということです．妻と7歳，5歳の子供を東京の住まいに残しての出張でした．

　行く国々で現地のようすを子供にもわかるような文章で，父親らしく絵葉書を送り「お土産を楽しみに待っているように」などと子供には書き，病弱で寝込みがちの妻 富子にも「家をしっかり守って欲しい」と

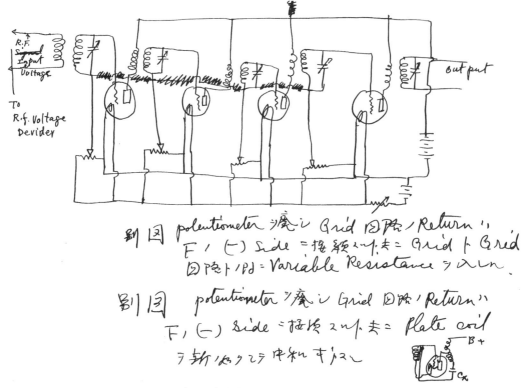

〈図18.3〉安藤博の手描きによる回路図

の言葉を添えています．絵葉書の文面から訪れた都市はロンドン，エジンバラ，パリ，チューリッヒ，ウィーン，ミュンヘン，コペンハーゲン，ローマなどです．とくにイタリアは安藤が憧れたマルコーニが生まれた国で，ローマ市内でも「マルコーニ広場」という地名があり，すでに亡くなっているマルコーニを偲んだことと思われます．

　厳格な父親だった博も視察旅行中の絵葉書の文面は実に楽しそうで，活気に満ちているようすを私(明博)は子供ながらに感じていました．安藤 博が20代でエジソンやマルコーニに直接海外で会ったあの時代から，エレクトロニクスが実に大きく発展しているようすを各都市の放送施設などで確認し，更なる発展に胸を躍らせていたのかも知れません．

■ 19.2 家族旅行

　東京に戻ればさっそく研究の毎日でしたが，人生で数回，家族を連れて国内の温泉や観光地を旅したこともありました．数少ない家族の写真が後に見つかりました．**写真19.1**は大分県別府温泉での晩年の安藤とその家族が，慣れない家族旅行をしたときのものです．博は旅行中も小型無線機器を持参し，肩から下げて歩きます．

〈写真19.1〉晩年の安藤とその家族(大分県別府温泉)

■ 19.3 実験中の火災で逝去

　1975年(昭和50年)2月3日午前6時40分ごろ，安藤博は2階の研究室に籠って早朝の電気実験を行っていたところ，火災が発生，わずか12 m²ほどの火事でし

電波一筋、実験で焼死
多極真空管発明の安藤さん

三日午前六時四十分ごろ、東京都渋谷区千駄ヶ谷一の一九の一、財団法人「安藤（電波・電子）研究所」＝安藤博所長（七三）＝の二階研究室付近から出火、鉄筋コンクリート三階建て同研究所兼住宅の二階部分約十二平方材を焼き、研究室で電気の実験をしていた安藤さんが、煙に巻かれて逃げ遅れ、窒息死した。

原宿署で現場検証を行い、原因を調べているが、妻富子さん（五七）の話によると、階下の台所で朝食の支度をしていたとき、二階から「パチパチ」という音がして部屋の電気が全部消えたという。

このため、同署では、安藤さんの実験で出た火花が、そばに積んであった書類に引火したものとみているが、安藤さんは、部屋に充満した煙で逃げ場を失ったらしく、寝室のベッドわきで、うずくまった格好で死んでいた。

科学技術庁の話によると、安藤さんは小学生時代から研究に没頭、大正十四年、早大理工学部卒業。昭和十二年に研究所の財団法人認可を受けて本格的な研究に取り組み、高出力の高周波増幅を可能にした多極真空管を発明、当時、世界的発明とされ、わが国のラジオ、テレビの実用化に貢献。日本放送協会発起人の一人としてNHK発足に尽力した。こうした電波研究の業績が認められ、四十七年、勲二等瑞宝章を受章。

安藤さんの焼死で、東京都内の焼死者は、今年に入って七十九人と、昨年同期と同数の史上最悪のペースとなった。

〈写真19.2〉 読売新聞（昭和50年2月3日付け）

たが，煙に巻かれて亡くなりました．72歳でした．

その日の新聞各社は同日の夕刊で次のような見出しにより報道しました．

「電波一筋，実験で焼死――多極真空管発明の安藤さん」（読売新聞，**写真19.2**）

「『放送』生みの親焼死――安藤さん研究中に出火」（産経新聞，**写真19.3**）

「研究いちず焼死――多極真空管開発の老功労者」（毎日新聞，**写真19.4**）…など

事故現場に立ち会った私（明博）の印象は，新聞に焼死と書かれてはいるものの，まったくそのイメージはなく，煙による窒息死であることを確信します．大変残念な事故でしたが，最期の表情はとても穏やかで，何か満足げな表情だったことを私は印象深く覚えています．博が少年期に「子供心ながら思った事」すなわち「世の中にない物を作ってみたい．できるなら好きな研究を一生やって世の中の役に立ちたい．」まさにこのことを実際にやり抜いた人生だったのではないでしょうか．

■ 19.4 事故後の復旧と再建

火災事故後は，遺族が中心となって研究所を復旧し，そして安藤の残した貴重な研究機器や重要な書類の整理を関係の専門家とともに財団の再建事業として行い

"放送"生みの親焼死
安藤さん、研究中に出火

三日午前六時三十五分ごろ、東京都渋谷区千駄谷一ノ一九ノ一、財団法人、「安藤研究所」＝安藤博所長（七三）＝の二階研究室から出火、鉄筋コンクリート三階建てのうち研究室一二平方材が焼けた。焼けあとから安藤さんが死体でみつかった。

原宿署で原因を調べているが、一階で食事の用意をしていた妻、富子さん（五六）が「電気がパチパチする音が聞こえた」といっていることから、安藤さんがいた研究室で漏電のため出火、煙にまかれ、逃げ遅れたらしい。同ビルは一階が住宅、二、三階が電波関係の研究所となっており、安藤さんは出火した二階の研究室にベッドを持ち込み、いつも部屋にとじこもったきりで研究にうち込んでいたという。

安藤さんは大正十四年、早大理工学部を卒業して同研究所に入り、多極真空管、同期検定装置を発明してラジオやテレビの改良につとめるなど極超短波の権威者として知られ、四十八年には、多極真空管の発明で勲二等瑞宝章を受章している。

また安藤さんはNHKの放送開始以前から無線の研究をしており、大正十一年に出版した著書「無線電話」の中で「放送」ということばを日本で初めて使った人として知られている。

〈写真19.3〉 産経新聞（昭和50年2月3日付け）

50年（1975年） 2月3日 （月曜日）

研究いちず焼死
多極真空管開発の老功労者

三日午前六時三十五分ごろ、東京渋谷区千駄ケ谷一の一九の一、財団法人安藤研究所＝安藤博所長（七三）＝二階研究室から出火、同室一二平方材と書類などを焼いた。安藤さんは逃げ遅れ焼死した。妻富子さん（五七）は一階に寝ており、長男明博君（一七）と長女[illegible]子さん（[illegible]）は屋敷内の別棟に住んでおり無事だった。

原宿署で原因を調べているが、安藤さんはこの日朝早くから電波関係の研究をしており、富子さんは火事に気づいたとき「研究室内でパチパチという電気のショートするような音がした」といっている。同署は安藤さんが研究中、機器の操作を誤って漏電を起こしたのではないかと調べている。安藤さんは四十八年十一月、脳血栓をわずらい体が弱っていたという。

安藤さんは、戦前、無線の分野での発明家として知られた。発明の一つであるラジオ放送機の特許をめぐり、当時の日本放送協会などと発明権を争ったこともあり多極真空管の開発の功で、四十七年には勲二等瑞宝章を授与された。

泥酔者収容所 焼け一人死ぬ

二日夕、泥酔者を保護する警視庁日本堤泥酔者保護所（台東区東浅草二丁目、責任者・酒井恵二警視庁警ら執行課長）で火事があり、被保護者一人が全身にやけどを負って三日朝、死亡した。

二日午後六時五十分ごろ、同保護所の一階南側にある保護室A－

〈写真19.4〉 毎日新聞（昭和50年2月3日付け）

ました．

資料整理をして行くうちに，安藤が存命中に「ある計画」を立てていたことがわかりました．NHKの当時の会長 前田義徳氏に，安藤は手紙を書いていたのです．「未来のエレクトロニクスの発展を期して，次

世代の若手研究者を励ます事業を行いたい．ぜひ近々お会いしてお話をしたい」旨の手紙でした．

彼の遺志は，若手エンジニアの研究活動を奨励するための制度「安藤 博 記念学術奨励賞」として1987年（昭和62年）に実現し，今日まで脈々と受け継がれています．

⑳ 思い出：ワシントンでエジソンに会った話（1922年，20歳）──エジソン「この少年が？？」

トーマス・エジソン（**写真20.1**）というと，世人は電灯や映画など，多数の発明を成しとげた発明王としてよく知っているけれども，それにも劣らず，現代の文化に最も寄与しているかと思われるのは，いわゆる「エジソン効果」と称されるものである．

それは，彼の白熱電灯研究中に発見した，電球内の白熱フィラメントから電流がほかの電極に流れるという現象で，1884年のことである．

その現象にもとづいて，ロンドン大学教授フレミングは1904年，整流真空管を発明して，無線電信に応用した．

またアメリカの発明家ドフォレストが1907年に3極真空管を発明，さらに私は1919年に多極真空管を世界にさきがけて発明し，開発した．

この多極管を使って，わが国最初の私設放送局から，実験放送を数年間定期的に実行して，NHKの発起設立者の一人となっていることなどの関係から，エジソン，マルコーニ，ジェンキンス（テレビ研究者でエジソンとともに著名な活動写真発明家），ベアード（世界で最初にテレビ映像とカラー・テレビを公開した）らの各氏にぜひ一度面会して，できれば，私の研究のことを話し，いろいろ技術的な意見も交換したいし，それができなくても，すくなくともインスピレーションを得たいと念願していた．

1922年になって，やっとかねての念願がかなって，

〈**写真20.1**〉トーマス A. エジソン（1847 ～ 1931 年）

まずアメリカ，つぎにヨーロッパへ留学したが，このとき私は20歳を少し出たばかり，当時朝日新聞が天才云々とさわいでたびたび記事を掲載してくれたので，自分ではテレビ，ラジオという世界最先端の研究をやっているのだと，大いに自負していたものだ．

ところが，確かに，エジソンは面談のとき私のことを「ボーイ」と呼んだ．そんなところからみると，白面の1少年でしかなかったのであろう．

ところで，そのときのようすを回想してみる．

静かな森の都ワシントンにある，ジェンキンス氏の研究所でたびたび同氏と会って，いろいろと討議，質問などを重ねた末「エジソンにもぜひ会いたいのだが…」と述べたところ，エジソンは政府（海軍関係）の顧問をしているので，関係官庁で時々見かけるとのことだ．

私もワシントンの国立標準局および国立科学研究所あての日本旧海軍の紹介状を持っているので，なるほどそれなら面会の機もあるかもしれないと，ひそかに期待しながら，見学に何度も通った．

科学研究所は，エジソンの主唱により1920年の法律でワシントンに設置されたものと思う．この機関は現在もあるかどうか詳かでないが，最近アメリカ大使館に照会したところでは，官庁リストに載っていないとのことである．

ところで，半月も経過して，いよいよ近日ヨーロッパに出発との予定になったとき，幸いにも丘の上の大きな研究所の建物で，初夏の快い一日，はからずもエジソンにめぐり会った．早速所長に頼んで紹介してもらった．

評判では雷おやじとのことだったが，会った印象は，そのような面影もなく，ふくよかな頬の，頑健そうな好々爺だった．

所長が「日本のフリーランスの青年発明家で，テレビやラジオの研究をやっており，日本で，今アメリカで流行しつつあるラジオ・ブロードカストをやっている人だ」と，紹介状に書いてあったことをのべて，紹介してくれた．

エジソンは「このボーイが…」と反問し，とくにフリーランスの日本人発明家という点に，非常に興味を覚えたように見受けられた．

私は，多極真空管というもっとも能率のよい真空管（それはドフォレストの3極管で期待できないラジオの電波自体の拡大さえも容易にできる真空管）を発明したことをまずい英語で述べると，エジソンは，大きく福々しい形の耳，あの少年のころの有名なエピソードのためと，さらに老齢のために，ほとんど聞こえなくなっている耳を傾けて，熱心に聞いてくれた．

別れるときの握手が，非常に温かい手をしていて，いまだに強く印象に残っている．当時エジソンは七十余歳で，その後数年して1926年には引退したのであるが，幸いにもまだ元気矍鑠（かくしゃく）たるもので，気が向けばあちこち飛び歩き，また第1次世界大戦後から1923年にかけての好況時代，エジソン産業の全盛期にあって，貧乏なエジソンでさえ年間百万ドルの収入があると称された．その彼の最盛期に，幸運にも面会できたわけである．

エジソンは電気蓄音機とラジオが好きでなかったらしく，「ラジオ」熱はすぐ冷めるだろうとよくいったそうであるが，ゼンマイ仕掛けのいわゆるエジソン蓄音機は急速に没落していったが，ラジオ熱は冷めるどころではなかった．

後に至って，エジソン二世に説き伏せられて，ラジオなども製作したけれども，時機を失して，彼が他界する前年の1930年に，エジソン会社は40年以上もつづけてきた蓄音機とレコードの製造を停止し，さらにラジオ製造も翌年放棄した．歴史の皮肉というほかはない．　　　　　　　〈安藤　博〉
（昭和42年「文藝春秋 5月号」，文藝春秋社）

21 思い出：ロンドンでマルコーニに会った話（1929年，26歳）——火星に宇宙人がいるだろうか…

ロンドンのサヴォイ・ヒルに英国放送協会（略称BBC）の本拠がある．BBCの本拠というといかにも立派なものらしく聞こえるが，ちっぽけな煉瓦建の建物で，高さも僕のいたサヴォイ・ホテルの半分ほどもない．ホテルの6階の僕の部屋からはBBCスタジオが眼下に見下ろされ，可愛い娘さんや，少年が放送しているのがよく見えたものだ．

ひととおり誰もがするようなロンドン見物を終えてから，早速僕は自分の専門の方の電気工学，とくに無線電信と無線電話，それからそれらの発明界の視察にも努力した．

まず特許局に行ってみる．これは裁判所の近くのわかりにくい裏通りの突き当たりに近い所にあった．中々の官僚主義で，局内の写真は何といっても撮らせてくれない．がその図書館と発明明細書販売組織等は，流石に完備したもので，感心させられた．それに特許局次長は中々親切者でいろいろの材料をくれた．

イギリスの無線電信電話界を云々するには，マルコーニ会社の勢力を無視するわけにはいかぬ．マルコーニ会社とマルコーニ氏はまったくイギリスのラジオ界を代表しているかの観がある．マルコーニ氏

が最近侯爵に列せられたことからしても，楽々想像がつくであろう．

マルコーニ氏が無線電信の発明者たることは，誰でも知っているところであるが，最近に至って同氏の研究は，益々その威力を発揮し，短い波長の電波を反射空中線で一方向に集中して，世界各国と自由に通話するという，いわゆるマルコーニ・ビーム式無線電信及無線電話の発明を完成し，英国郵政庁と契約して一手に海外との無線電報を取り扱っている．

我国とも直接電報の送受ができるのであって，我国では日本無線電信株式会社が一切の仕事に当たっている．マルコーニ氏のこれらの局は，ドルチェスター，ブリッジウォーターおよびボドミンなど，数か所に散在している．このうちブリッジウォーター局ではカナダや米国とマルコーニ・メシュー式短波長ビーム式無線電話で自由に電話を交換できる．この装置は最近完成されたもので，多重式すなわち幾組かの通話を同時にできる新式のもので，僕は最初の日本人として，親しくアメリカ側と英語で話をしてみたが，実に明瞭で市内電話よりも高声で完全だった（写真21.1）．

殊に面白いと思ったのは，英米両地間の時間がまったく異なるのはもちろん，天候が英国側は上天気で風が強くあるのに，先方は雨天で風は少しもないなどと，アメリカ然りの口調で話していたことである．日本と米国，英国等との間にこんな風にして，無線電話ができるのも決して遠い未来ではあるまい．また対日本の短波長ビーム無線電信送信局は，ドルチェスターと云う文豪ハーデーを生んだ天然の美しい一村落にある．

マルコーニ氏はまた，製造会社として有名なマルコーニ無線電信株式会社を経営している．工場はロンドンとサウザンプトン港との中間，チェルムスフォードという所にあって，あらゆる無電機械の製造をしている．日本には到底ない完備した組織のものだ．またロンドンの郊外にマルコーニ・オスラム会社という大工場があって，ここではあらゆるラヂオ用真空管および電球を製造している．その設備も米国GE会社や，オランダのフィリップス会社に比しては劣るが，日本には一寸類が見出せない．

僕はマルコーニ氏関係の前記のような広範に及ぶ諸事業を視察し，そこではマルコーニ氏の周囲にあって，同氏の偉大なる仕事を助けている技師たちにも親しく面談できた．

それからマルコーニ氏にも会った．マルコーニ氏に会ったのはロンドン中心の一角，ストランドに面し，ウォーターロー・ブリッジとキングス・ウエーにさほど遠くないところにあるマルコーニ・ハウス

〈写真21.1〉安藤 博26歳のときマルコーニ無線局にて
日本人初の英米間通話実験を行った(1929年)

だった．マルコーニ・ハウスは堂々たるものだった．
マルコーニ氏は一見誠に血色がよく若々しく見え
た．マルコーニ・ハウスの階上の大広間に頑張って
いていかにも人をそらさぬ所があるマルコーニ氏
に，まず氏のマネージャーの案内で初対面の挨拶を
交した．マルコーニ氏は僕がやっている研究に甚だ
興味を感じているらしく，はじめにいろんな意見や
状況談があった後，マルコーニ氏は最近，日本の船
で生国イタリーに帰ったことがあると話したので
「何という船か」と聞いたら，白山丸だといった．
そして，マルコーニ氏がわが白山丸を大いに推奨し
たので，僕も帰途白山丸で日本へ帰ったわけ．

　マルコーニ氏とはいろんなことを語り合ったが，
僕はマルコーニ氏に対し「クリスタル発振方式をな
ぜマルコーニ式では使わぬか」と聞いてみた．とマ
ルコーニ氏は「多少の波長の動揺のある方が却って，
フェーデング（ラジオ受信音に強弱のできること）の
影響が小さくてよい点もあるが，必ずしも，クリス
タル発振方式を排斥するものではない」と答えた．
そこで僕はマルコーニ氏ビーム式の無線界における

大貢献を謝し，これによって日英間直通の通信がで
きる科学の勝利を語ったところ，マルコーニ氏は「近
き将来に世界のあらゆる地点間に，市内電話と同じ
ように無線通話と写真の電送が行われるのは期して
待つべきだ」と語った．

　次に火星通信，云々のことも尋ねてみた．すると，
マルコーニ氏は「そういう可能性がないとはいえな
い」と語ったのを大袈裟にいい触らされたものだと
答えた．時計はもう5時を過ぎ，歓談はそれからそ
れへとつきなかったが，事務所の時間も過ぎたので，
この偉大なる発明家に栄光あれと祈りつつ，そこを
辞した．　　　　　　　　　　　　　　〈安藤 博〉
（昭和4年「アサヒグラフ12月号」，朝日新聞社）

22 最近議論されたこと──メディア社会学の講義で学生達は…

■ 22.1 大変革期を迎えようとする社会

　最近の無線送信技術は，少し前には想像もしなかっ
たようなことが現実に行えるようになってきました．
昨年（編注：2017年）わが国の研究機関は，世界最速の
無線送信機を開発しました．現在使われている電波よ
りも周波数の高い「テラヘルツ波」を利用し，通信機
器の集積回路を改良，データ送信速度が現在のスマー
トフォンの100～1000倍の無線送信機です．ハイビ
ジョン画質の2時間映画を何と1秒ほどで伝送できる
速さだそうです．近い将来，スマホや家電製品でも超
高速の光ファイバ並みの無線通信が期待されています．

　情報通信技術は急速に進展し，私達の暮らしや仕事，
そして「人間関係」にまで，良くも悪くも大きな影響
を及ぼして行きます．ディジタルの驚異的な進化によ
り我々の社会は大変革期を迎えようとしているのです．

　このような状況の中で，近年では多くの大学で「メ
ディア社会学」や「メディア史」といった分野の研究
がなされています．

■ 22.2 メディア社会学科教授からの手紙

　今から5年程前のことです．武蔵大学 社会学部メ
ディア社会学科教授の小田原 敏先生から，発明家 安
藤博についてお手紙をいただきました．

　小田原先生のお手紙によると，先生は武蔵大学でメ
ディア社会学を教える傍ら，平成22年から早稲田大
学でも講義を持っておられ，その中で，安藤博の業績
と，現代まで続く電子メディアの基礎技術を生み出し
た世界的発明を紹介されているとのことです．そして，
早稲田大学 理工学術院の学生たちには，講義の中で
次のようにお話をするそうです．

「あなた方は，ほかの大学の学生よりも何倍もメディ

アのことを勉強しなければならない．その理由は，今の多様な電子メディアにつながるもっとも重要な基礎技術を生み出したのが，あなた方の大先輩 安藤 博だからだ．」

先生の授業の「平成25年度前期試験」で安藤 博に関する記述問題を出したところ，その解答には，次のような内容が見られたそうです．

● 「私たちの先輩が現代技術の進歩に大きく関わっていることを認識し，彼（安藤 博）に敬意を払わなくてはならない．」

● 「私はこの講義をとるまで，安藤 博という人物を知らなかった．早稲田の先輩でもあり，数多くの特許を取得し，エジソンにも匹敵またはそれ以上の人物だと聞き，とても驚いた．その功績は電子メディア技術の基礎を作ったといっても過言ではなく，後輩として自慢したくなる程だった．もしメディア技術が発展しなかったら，安藤 博が多極真空管の研究をしなかったら，と考えると，彼の名はもっと知られるべきと思った．」

● 「今の時代なら『特許』に対しての認識は変わっていて，安藤のような発明者が称えられるはずだ．それが本来あるべき姿だと思う．」

● 「現代の社会はパソコンの普及によりデータ処理や知識を得ることはとても簡単にできる．しかし，安藤博のように，何もない状態，つまりゼロから物事を考えることができるという人はほとんどいないと思う．今現在存在する知識はパソコン（インターネット）が教えてくれるので，何もない状態から物事を論理的に考えることができる人になりたいと考えた．またそれが今後の技術発展につながっていくのだと思う．」
などなど，多くの記述があり，いずれも大先輩の偉業を知って驚いた，私も目指したい，というようなものをいくつも目にされたそうです．

1学期（半年）で約100名の受講生が，安藤 博の偉業について驚きをもって知り，そして大先輩のように頑張りたい，というとのことです．

小田原先生の手紙の終わりには「偉業は偉業であるが，単に称えるばかりではなく，安藤 博のような人類に役立つものを生み出そう，という考えやエネルギーの使い方を少しでも引き継ぎ，今の時代の自分たちが次を生み出すため『心の師』として彼の考え，好奇心，やり続ける気持ち，そうした精神を引き継いで持ち続けてほしいと思う．そして安藤 博氏の偉業をメディア史の重要な部分に据えて，これからの世代に教えて行きたいと思っております．」と締めくくっておられます．

■ 22.3 安藤が漠然と考えていたこと

20世紀のエレクトロニクス開拓に生涯を懸けた安

〈写真23.1〉安藤 博による多極管の発明を称える「電子情報通信学会マイルストーン」（2017年）

藤 博（1902～1975年）．21世紀に入って「メディア社会学」という切り口で自分のことが議論されるとは，安藤 博本人も予想していなかったことでしょう．しかし，若いころから安藤が漠然と考えていたこと「世の中にない物を作りたい，人類の役に立つ物を何とかして作れないだろうか…．」，このスピリッツは「イノベーション」が合い言葉の現代において，より大切なことではないでしょうか．

安藤 博は存命中，次世代を担う「若者」を対象に「研究奨励事業」を企画していました．若い彼らの無限の潜在能力や発明力を期待していたに違いありません．

囧 最近の出来事──この100年間の「マイルストーン」に

2017年9月，電子情報通信学会は創立100周年を迎え，これを契機に，我々の社会や生活，産業などに大きな影響を与えた研究開発を「マイルストーン」として選定することになりました．

この「マイルストーン」は，過去100年間の偉業を振り返り，電子情報通信研究の歴史と意義を振り返るとともに，次の100年に向けて更なる革新を起こす次代の研究者にその創出過程を伝えることを目的とするものです．「偉業への表彰」に際し，安藤 博の多極真空管がマイルストーンとして選定され，同学会創立100周年記念式典において発表，マイルストーンの楯（写真23.1）が授与されました．

多極真空管は1919年の発明なので，電子情報通信学会が発足した1917年の2年後です．まさに「エレクトロニクスの創成期」における，マイルストーン認定となりました．

あんどう・あきひろ　一般財団法人 安藤研究所 理事長　http://www.ando-lab.or.jp/

RFワールド No.52 RADIO FREQUENCY 無線と高周波の技術解説マガジン www.rf-world.jp

CQ出版社
〒112-8619
東京都文京区千石4-29-14
https://www.cqpub.co.jp/

編　集	トランジスタ技術編集部	2020年11月1日　第1版発行
発行人	櫻田 洋一	2022年9月1日　第3版発行

©CQ出版株式会社 2020
（無断転載を禁じます）

発行所　CQ出版株式会社
　　　　〒112-8619　東京都文京区千石4-29-14

電　話　編集 (03)5395-2123
　　　　販売 (03)5395-2141

定価は裏表紙に表示してあります
乱丁，落丁はお取り替えします
印刷・製本　三晃印刷株式会社
DTP　有限会社 新生社，美研プリンティング株式会社
Printed in Japan

◆訂正とお詫び◆　本誌の掲載内容に誤りがあった場合は，その訂正を小誌ホーム・ページ（https://www.rf-world.jp/）に記載しております．お手数をおかけしまして恐縮ですが，必要に応じてご参照のほどお願い申し上げます．